마이크 바필드 글 | **로렌 험프리** 그림
김성훈 옮김 | **장홍제** 감수

우리 집 구석구석
원소를
찾아라!
화학 탐정 셜록 옴즈와 함께 펼치는 신기한 과학 수사

원더박스

여러분의 임무: 보일 듯 말 듯 숨어 있는 원소들을 찾아라

안녕, 친구들! 나는 슈퍼 화학 탐정 셜록 옴즈라고 해(셜록 홈즈의 짝퉁 절대 아님). 나와 함께 보일 듯 말 듯 숨어 있는 원소들을 찾아 아주 특별한 화학 사건 수사를 해 보자구. 주변에서 보이는 물질들을 추적하다 보면 어느새 우주를 이해할 단서도 찾을 수 있을 거야!

82 Pb
납
207.2
28 Ni
니켈
58.693
Na

기호 읽기

🔍 수사 시작

⚗ 실험!

👁 생김새

⚠ 위험 요소

☆ 특별한 능력

미생물에서 산에 이르기까지, 할머니에서 은하수에 이르기까지 우리 집, 이 세상, 이 우주에 존재하는 모든 것은 믿기 어려울 정도로 작은 걸로 이루어져 있지. '원소'라 불리는 그것은 100가지가 넘게 있어.

원소들 중에는 시간이 처음 시작된 때 만들어진 것도 있고, 사람이 만든 거라 실험실에만 존재하는 것도 있지. 하지만 대부분은 지구에 자연 상태로 있고, 여러분의 집에서 찾아볼 수 있는 것도 많아. 우리가 감지할 수 있는 물질은 모두 원소로 만들어졌는데, 놀랍게도 대부분 별 속에서 처음 만들어졌어. 하지만 그런 원소들을 찾겠다고 우주선을 타고 갈 필요는 없지. 어디서 무엇을 볼 수 있는지만 알면 쉽게 찾을 수 있거든!

이 책에서는 원소를 찾아 과학 수사를 펼칠 거야. 내 친구 래틀리, 해티와 함께 원소가 무엇이고, 어떻게 작용하고, 집에서 어떻게 원소들을 찾아낼 수 있는지 알아보는 거지. 자, 그럼 이제 집에 숨어 있는 원소들을 찾아서 추적에 나서 볼까.

기본 중의 기본: 원자

공기, 물, 치즈, 우리 몸 등 지구에 존재하는 모든 것을 구성하는 물질은 원자라는 아주 작은 입자들로 이루어져 있어. 그리고 원자는 그보다도 더 작은 입자인 양성자, 중성자, 전자로 이루어져 있지. 지금까지 알려진 118종의 원소들은 원자핵 안에 각각 1개부터 118개까지 서로 다른 개수의 양성자가 들어 있는 독특한 원자들이야. 이 원자들이 물질의 기본이 되지! 원소는 일반물질을 이루는 가장 기본적인 구성 요소이기 때문에 화학반응을 통해서는 그보다 간단한 물질로 쪼갤 수 없어. 하지만 강력한 방사선으로 박살 내면 이 원자들을 쪼갤 수 있지!

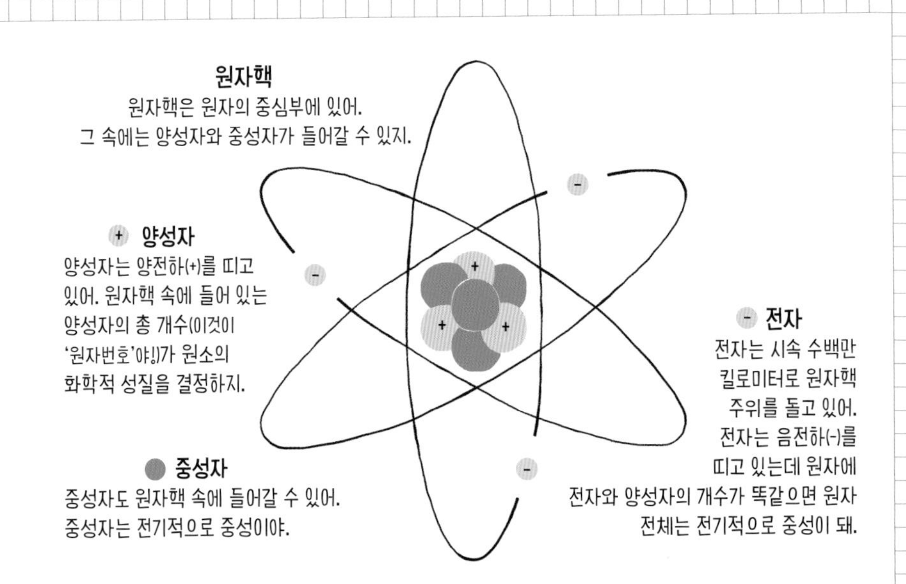

원자핵
원자핵은 원자의 중심부에 있어.
그 속에는 양성자와 중성자가 들어갈 수 있지.
+ 양성자
양성자는 양전하(+)를 띠고 있어. 원자핵 속에 들어 있는 양성자의 총 개수(이것이 '원자번호'야!)가 원소의 화학적 성질을 결정하지.
중성자
중성자도 원자핵 속에 들어갈 수 있어.
중성자는 전기적으로 중성이야.
- 전자
전자는 시속 수백만 킬로미터로 원자핵 주위를 돌고 있어.
전자는 음전하(-)를 띠고 있는데 원자에 전자와 양성자의 개수가 똑같으면 원자 전체는 전기적으로 중성이 돼.

사건 발생 – 풍선, 머리카락을 들어 올리다

전자의 효과를 직접 확인해 보고 싶으면 공기를 채운 풍선을 머리카락에 대고 비벼 봐. 그럼 머리카락 속 원자에서 전자가 빠져나와 풍선의 표면으로 이동하지. 이렇게 추가된 전자 때문에 풍선은 음전하를 띠게 돼. 이것을 '정전기'라고 하지.
이 음전하가 머리카락과 작은 종잇조각 같은 것들을 풍선 쪽으로 잡아당겨. 음전하가 아주 세면 풍선이 벽에 달라붙을 수도 있어!

사건 발생 – 풍선 번개

번개는 구름 속에서 충돌하는 얼음 입자들 때문에 생기는 정전기의 전하가 대량으로 방출되는 현상이야. 건조한 날에 어두운 곳에서 풍선을 옷에 비빈 다음 문손잡이 같은 금속 물체에 가까이 가져가면 미니 번개를 만들 수 있어. 불꽃이 두 물체 사이를 뛰어넘을 때 타닥 하고 작은 천둥소리도 함께 날 거야!

작디작은 원자

원자는 정말 상상이 불가능할 정도로 작아! 설탕 티스푼 하나에는 탄소, 수소, 산소 등을 모두 합쳐서 원소가 무려 3,960해(396 뒤로 0이 무려 21개!) 개나 들어 있으니까.

396,000,000,000,000,000,000,000

텅 빈 원자

깜짝 놀랄 얘기 하나 해 줄까? 사실 원자는 대부분 텅 빈 공간으로 되어 있어. 축구장 한가운데 핀을 갖다 놓고 친구한테 축구장 제일 바깥쪽 가장자리를 따라 달리라고 해 봐. 그 핀의 머리가 수소 원자의 핵 속에 들어 있는 양성자 하나의 크기라고 한다면 그 주변을 도는 전자는 친구의 코끝에 묻어 있는 작은 먼지 하나일 거야. 그 둘 사이에는 그냥 텅 빈 공간만 있어. 그런데도 금 같은 원소를 만져 보면 깜짝 놀랄 정도로 단단한 느낌이 들지!

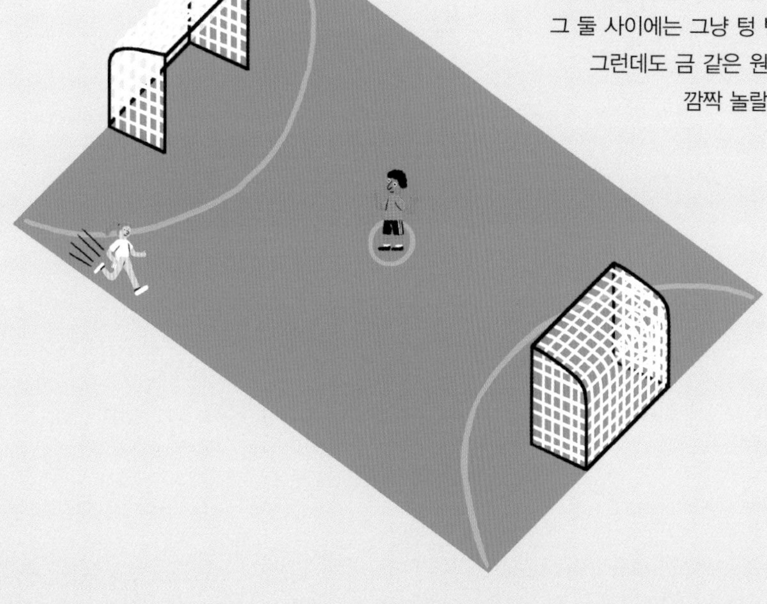

풍선은 왜 벽에 달라붙을까?

같은 전하(+/+ 혹은 –/–)끼리는 항상 서로를 밀어내. 그래서 풍선의 음전하가 같은 음전하를 띠는 벽 원자 속의 전자들을 밀어내지. 그럼 벽 표면의 원자에는 제자리를 지키고 있는 양성자의 양전하만 남게 돼. 다른 전하(+/–)끼리는 항상 끌어당기니까 풍선이 벽에 달라붙는 거지.

최초의 미스터리 사건: 빅뱅

우리는 138억 년 전의 우주부터 수사를 시작할 거야! 당시에는 아무것도 없었지. 태양도, 별도, 행성도, 은하도, 선생님도, 숙제도, 원소도, 물질도 없었어. 따라서 수사에 필요한 단서가 하나도 없었지. 그러다가 빅뱅이라고 하는 어마어마한 사건이 일어났어. 우주는 이때 탄생했고, 이것이 바로 원소가 만들어지는 믿기 어려운 과정의 시작이었어.

1. 급팽창과 냉각
아무것도 없는 상태에서 시작한 우주가 순식간에 팽창하면서 식었어.

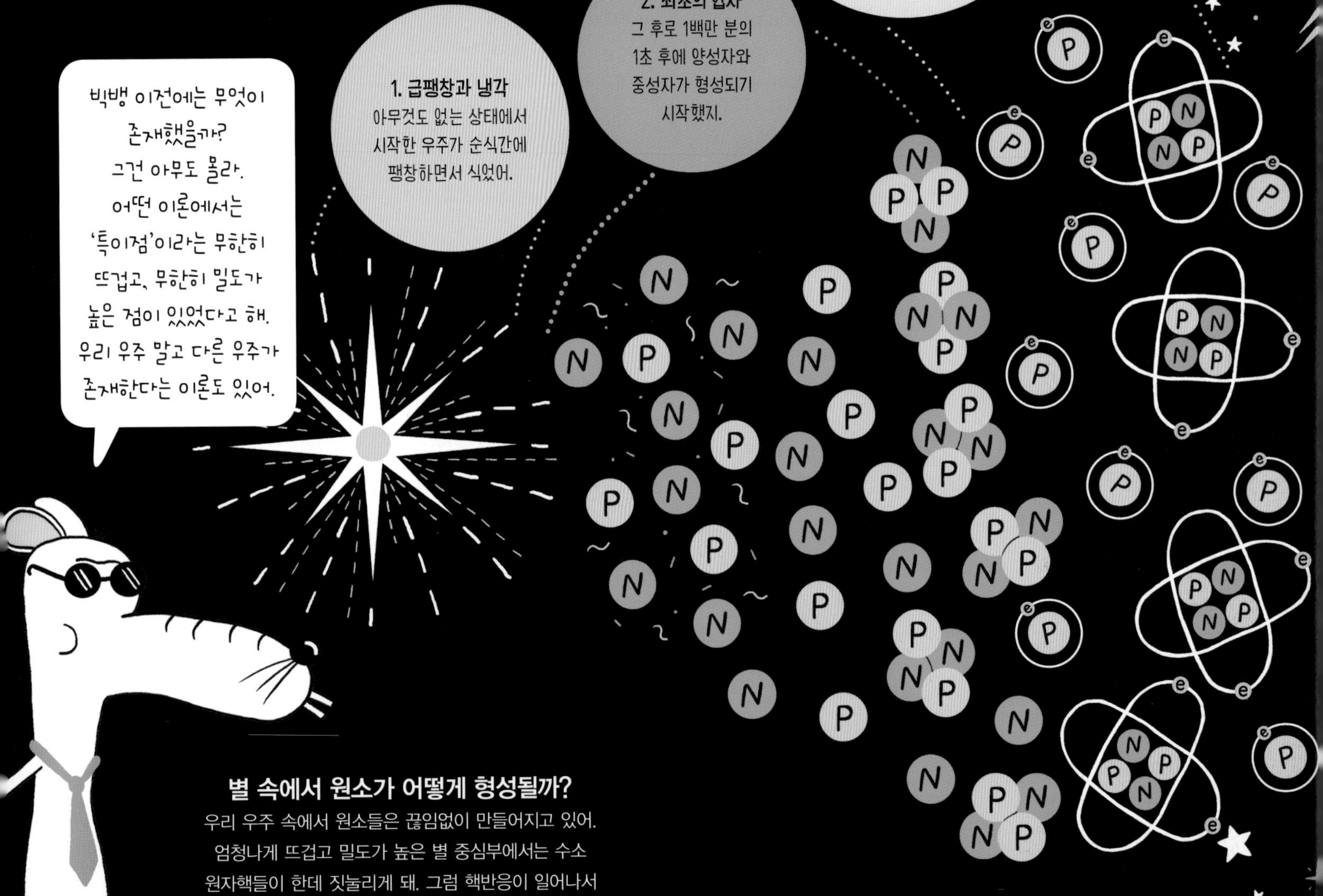

2. 최초의 입자
그 후로 1백만 분의 1초 후에 양성자와 중성자가 형성되기 시작했지.

3. 최초의 원소
2분 후에는 최초의 원소인 수소의 원자핵이 형성되기 시작했어. 그리고 1분이 더 지난 다음에는 헬륨 원소가 형성되기 시작했고. 우주가 충분히 식어서 이 원자핵들이 안정적인 원자를 형성하기까지는 그로부터 38만 년 정도가 걸렸지.

4. 최초의 별
수소와 헬륨의 구름이 새로 만들어진 우주 전체로 퍼져 나갔지. 그 후로 약 2억 년 후에 이 구름이 중력 때문에 서로 뭉쳐서 최초의 별들이 탄생해. 이 별들이 원소의 비밀을 풀어 줄 첫 번째 단서를 품고 있지.

빅뱅 이전에는 무엇이 존재했을까? 그건 아무도 몰라. 어떤 이론에서는 '특이점'이라는 무한히 뜨겁고, 무한히 밀도가 높은 점이 있었다고 해. 우리 우주 말고 다른 우주가 존재한다는 이론도 있어.

별 속에서 원소가 어떻게 형성될까?

우리 우주 속에서 원소들은 끊임없이 만들어지고 있어. 엄청나게 뜨겁고 밀도가 높은 별 중심부에서는 수소 원자핵들이 한데 짓눌리게 돼. 그럼 핵반응이 일어나서 헬륨이 만들어지지. 이 핵반응을 통해서 가시광선이나 다른 형태의 복사도 만들어져. 우리 태양의 중심부에서도 이런 일이 일어나고 있지.

더 큰 별들

몸집이 더 큰 별들은 계속해서 원소들을 융합시키면서 산소부터 철에 이르기까지 더 무거운 원소(양성자가 더 많은 원소)들을 만들어 내다가 결국에는 붕괴해서 죽음을 맞게 되지. 그 안에서 일어나는 반응으로 구리나 아연처럼 훨씬 더 무거운 원소들이 만들어지기도 해.

정말로 무거운 별들

우리 태양을 여러 개 합친 것보다도 질량이 큰 정말 무거운 별들은 붕괴하면서 초신성이라는 어마어마한 폭발을 일으켜. 이 과정에서 금, 우라늄 같이 엄청 무거운 원소들이 만들어져 우주 먼 곳으로 내동댕이쳐지지.

거의 140억 년이 지난 지금까지도 빅뱅의 증거가 남아 있어. 빅뱅 때 방출된 복사(복사란 빛, 열, 고에너지 입자 같은 것이 뿜어져 나오는 것을 말해)가 '우주배경복사'라는 우주 공간 속 전파의 형태로 있지. 특수한 전파망원경을 이용하면 이 전파를 감지할 수 있어.

사건 발생 – 태양이 사라지다

우리 태양은 지구에 사는 생명체에게는 없어선 안 되는 존재지만 사실 별 중에서는 꽤 작은 축에 속해. 핵융합의 연료가 되는 원소가 바닥나면 결국 태양은 무거운 원소들이 들어 있는 바깥층을 우주 공간으로 떨쳐 버리고 식어서 붕괴할 거야. 워워~ 그렇다고 여러분이 걱정할 것은 없어. 50억 년 후에야 있을 일이니까.

우주선의 신비

리튬, 베릴륨, 붕소, 이 세 가지 가벼운 원소는 '우주선(cosmic ray)'이 우주 공간에서 무거운 원소를 더 단순한 원자로 쪼개서 만들어진다고 짐작되고 있어. 어디서 왔는지 알 수 없는 고에너지 입자인 우주선은 우주 여행자의 건강에 큰 위협이 될 수 있어. 하지만 대기와 자기장이 막아 준 덕분에 지구에는 거의 들어오지 못해.

용의자들의 목록: 주기율표

모름지기 탐정이라면 용의자들의 목록을 정리해 둬야 하는 법. 원소를 추적하는 탐정들은 118개의 목록을 갖고 있지. 이 목록은 원소의 무게와 특성에 따라 작성된 표야. 이것을 '주기율표'라고 부르지.

주기율표는 머리 좋은 러시아 과학자 드미트리 멘델레예프가 생각해 냈어. 이 아이디어가 어찌나 훌륭했는지 멘델레예프는 자신의 표를 이용해 당시에는 발견되지도 않았던 원소의 존재까지 예측할 수 있었지! 하지만 요즘의 주기율표에 담긴 정보들은 머리 좋은 수많은 화학자들이 몇 백 년에 걸친 수사 작업을 펼친 끝에 나온 결과물이지. 이 책 곳곳에 들어 있는 '미스터리 원소' 만화에서 이 화학자들을 만나 볼 수 있을 거야!

원소들은 가로줄과 세로줄로 배열되어 있어. 가로줄은 '주기'라고 부르고 이것 때문에 주기율표라는 이름이 생겼지. 세로줄은 '족'이라고 해. 요즘의 주기율표에는 수소에서 오가네손까지 지금까지 알려진 모두 118가지 원소가 들어 있어. 새로 들어올 멤버를 기다리면서.

원소들마다 암호명 같은 화학기호를 갖고 있어. 이 기호는 하나 이상의 글자로 되어 있지. 예를 들어 제논의 기호는 Xe야.

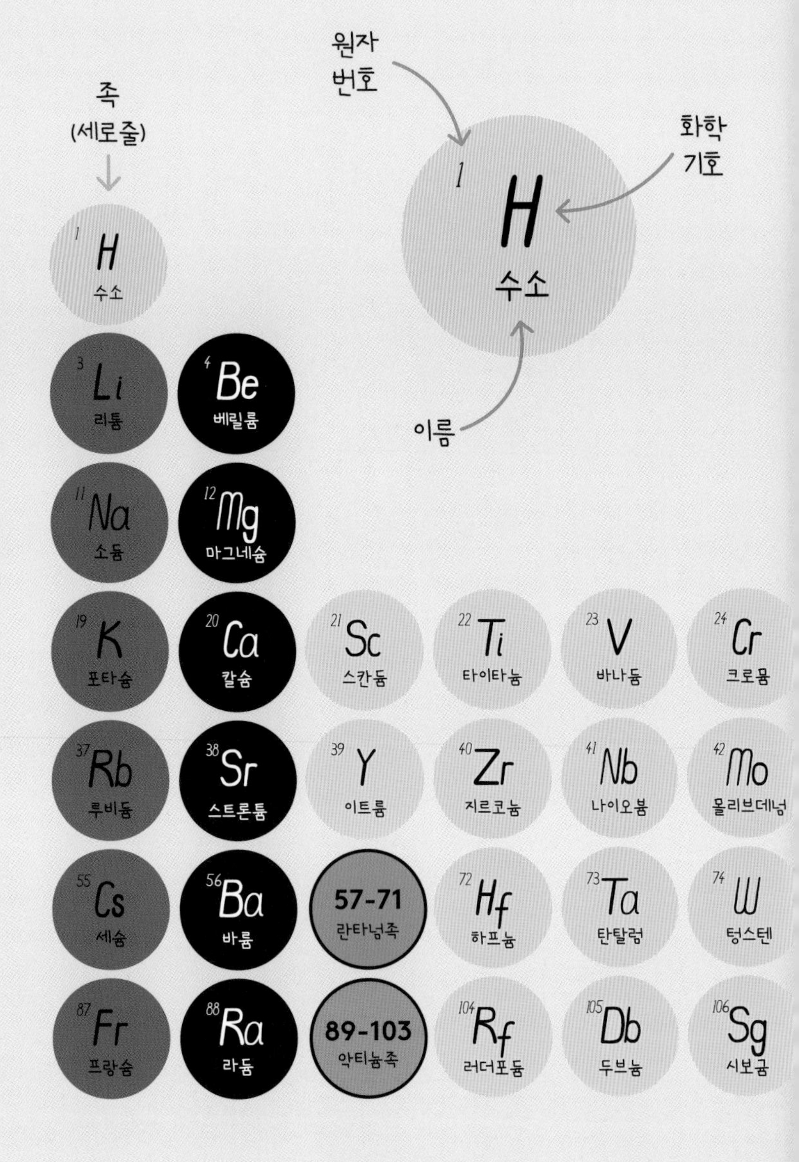

용의자에 대해 알아보자

주기율표는 지도처럼 정보로 가득해. 원소마다 위쪽에 번호가 달려 있는데 가로줄을 따라 왼쪽에서 오른쪽 방향으로 이 번호가 1씩 커지지. 이것이 그 원소의 '원자번호'야. 이 번호는 그 원소의 원자핵 안에 들어 있는 양성자 수를 뜻해. 그리고 이것이 원소의 화학적 성질을 결정하는 핵심이지. 수소(H)는 양성자가 1개라서 원자번호가 1번이야. 헬륨(He)은 양성자가 2개라서 원자번호도 2번이고. 원소들은 가로줄을 따라 오른쪽 방향으로 갈수록 양성자 수가 늘어나면서 더 무거워져. 전기적으로 중성인 원자는 전자 수와 양성자 수가 같기 때문에 원자번호가 2번인 헬륨 원자는 원자핵 주변을 도는 전자가 2개이지. 나머지 원소들도 마찬가지야.

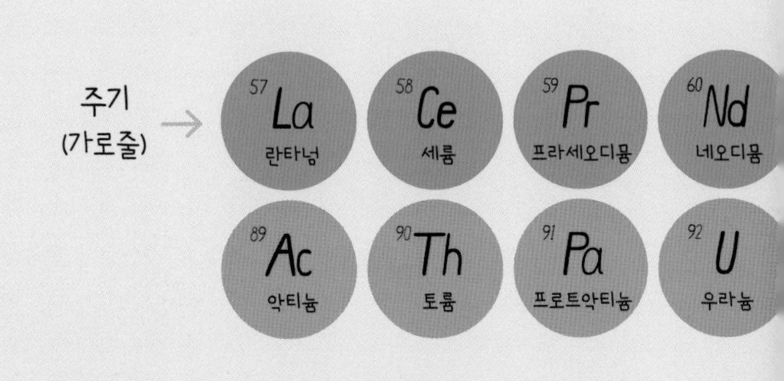

지도에서처럼 주기율표에서도 성질이 비슷한 원소들끼리 같은 색으로 표시하고 있어. 118가지 원소 대부분은 철(Fe) 같은 '금속'이야. 금속은 큰 부류에 해당하고 이것을 다시 몇 가지 더 작은 부류로 나눌 수 있지. '비금속'도 있어. '할로젠'과 제논(Xe) 같은 '비활성 기체'가 여기 해당하지. 그리고 붕소(B)처럼 금속과 비금속의 중간인 '준금속'도 있어. 주기율표를 보기 쉽도록 '란타넘족'과 '악티늄족'이라는 금속의 두 족은 아래에 따로 가로줄을 마련해서 표시했어.

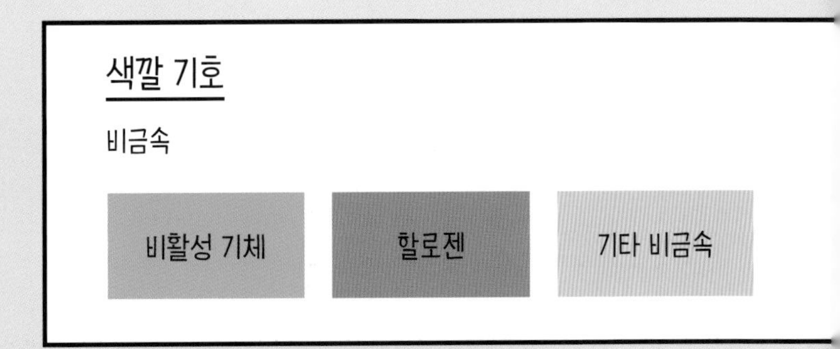

색깔 기호
비금속
비활성 기체
할로젠
기타 비금속

원소의 이름을 유명한 사람이나 지역의 이름을 따서 지은 경우가 많아. 멘델레븀(Md)은 드미트리 멘델레예프의 이름을 땄지.

드미트리 멘델레예프(1834~1907)

2 He 헬륨

5 B 붕소 · 6 C 탄소 · 7 N 질소 · 8 O 산소 · 9 F 플루오린 · 10 Ne 네온

13 Al 알루미늄 · 14 Si 규소 · 15 P 인 · 16 S 황 · 17 Cl 염소 · 18 Ar 아르곤

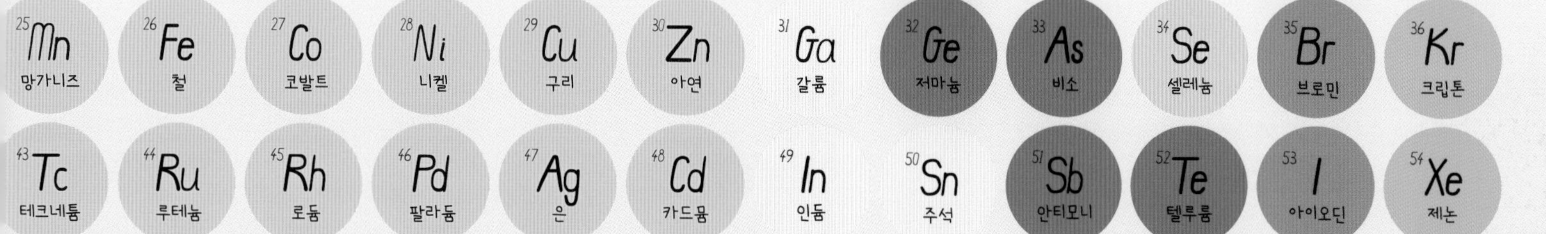

25 Mn 망가니즈
26 Fe 철
27 Co 코발트
28 Ni 니켈
29 Cu 구리
30 Zn 아연
31 Ga 갈륨
32 Ge 저마늄
33 As 비소
34 Se 셀레늄
35 Br 브로민
36 Kr 크립톤
43 Tc 테크네튬
44 Ru 루테늄
45 Rh 로듐
46 Pd 팔라듐
47 Ag 은
48 Cd 카드뮴
49 In 인듐
50 Sn 주석
51 Sb 안티모니
52 Te 텔루륨
53 I 아이오딘
54 Xe 제논

75 Re 레늄 · 76 Os 오스뮴 · 77 Ir 이리듐 · 78 Pt 백금 · 79 Au 금 · 80 Hg 수은 · 81 Tl 탈륨 · 82 Pb 납 · 83 Bi 비스무트 · 84 Po 폴로늄 · 85 At 아스타틴 · 86 Rn 라돈

107 Bh 보륨 · 108 Hs 하슘 · 109 Mt 마이트너륨 · 110 Ds 다름슈타튬 · 111 Rg 뢴트게늄 · 112 Cn 코페르니슘 · 113 Nh 니호늄 · 114 Fl 플레로븀 · 115 Mc 모스코븀 · 116 Lv 리버모륨 · 117 Ts 테네신 · 118 Og 오가네손

61 Pm 프로메튬 · 62 Sm 사마륨 · 63 Eu 유로퓸 · 64 Gd 가돌리늄 · 65 Tb 터븀 · 66 Dy 디스프로슘 · 67 Ho 홀뮴 · 68 Er 어븀 · 69 Tm 툴륨 · 70 Yb 이터븀 · 71 Lu 루테튬

93 Np 넵투늄 · 94 Pu 플루토늄 · 95 Am 아메리슘 · 96 Cm 퀴륨 · 97 Bk 버클륨 · 98 Cf 캘리포늄 · 99 Es 아인슈타이늄 · 100 Fm 페르뮴 · 101 Md 멘델레븀 · 102 No 노벨륨 · 103 Lr 로렌슘

금속

준금속 · 알칼리 금속 · 알칼리 토금속 · 란타넘족 · 악티늄족 · 전이 금속 · 전이후 금속

신분 감추기: 위장의 달인

금(Au) 같은 일부 원소는 가장 순수한 형태로 발견되기도 하지만 위장을 하고 있는 원소도 많아. 이 원소들의 원자는 하나 이상의 다른 원소의 원자와 정해진 방식으로 결합해서 '분자'라는 패거리를 이루지.

분자들로 이루어진 새로운 물질은 그 물질을 구성하는 원소들과는 아주 다른 성질을 띨 때가 많지. 그래서 아주 교묘하게 수사 작업을 펼쳐야만 정체를 밝혀 낼 수 있는 경우가 많아!

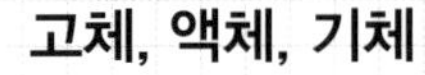

고체, 액체, 기체

겉만 봐서는 속기 쉬워! 집에 있는 물질은 세 가지 주요 상태인 고체, 액체, 기체 중 하나로 존재할 수 있어. 어떤 물질은 이 세 가지 상태 모두로 위장할 수 있고. 아주 교활하지!

집에서는 온도에 따라 물이 이 세 가지 상태 모두로 존재할 수 있어. 냉동실의 얼음, 욕조의 물, 주전자에서 나오는 수증기로 말이야!

원자들끼리 전자를 공유한다고!

분자 속에 들어 있는 원자들은 전자를 공유해서 결합해. 전기적으로 중성인 원자는 원자핵 주위를 도는 전자의 수가 원자번호와 똑같지. 과학자들은 이 전자들이 원자핵을 중심으로 궤도 모양을 이루고 있다고 생각해. 양파 껍질이 겹겹이 층을 이루고 있는 것과 비슷한 모습이지. 원자핵과 가장 가까운 껍질은 전자를 2개까지 담을 수 있어. 그리고 그다음에 나오는 두 껍질은 각각 전자를 8개까지 담을 수 있지. 원자의 크기가 커지면 껍질에 들어갈 수 있는 전자의 개수도 많아져.

맨 바깥쪽 전자껍질이 전자로 꽉 채워진 원자는 일부만 채워진 원자보다 화학반응성이 떨어져. 분자에서는 원자들이 전자를 공유함으로써 더 안정적이 되지.

금속 덩어리 같은 고체에서는 분자들이 정해진 자리에 빽빽하게 들어가 이웃 분자들과 결합해 있지. 이 분자들은 진동은 할 수 있지만 자기 자리를 벗어나지는 못해. 그래서 고체는 모양과 부피가 정해져 있어.

물 같은 액체에서는 분자들 사이의 결합이 고체보다는 약해서 분자들이 돌아다닐 수 있어. 그래서 액체는 부피는 정해져 있지만 모양은 어떤 그릇에 담기느냐에 따라 달라져.

기체에서는 분자들이 결합에서 벗어나 자유롭게 돌아다닐 수 있어. 그래서 모양도 부피도 정해져 있지 않아.

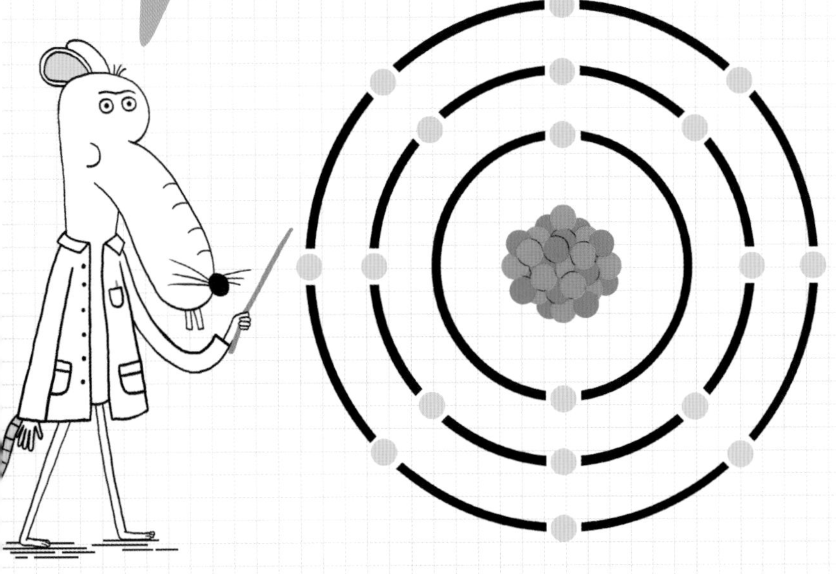

이것은 아르곤(Ar) 원자야. 제일 바깥쪽 전자껍질이 모두 채워져 있지. 그래서 아르곤은 화학적으로 비활성이야. 화학반응이 일어나지 않는다는 뜻이지. 그래서 자연에서는 아르곤 화합물이 존재하지 않아.

물질의 상태는 물질의 온도와 그 물질에 가해지는 압력에 따라 달라져. 예를 들면 기체는 그 분자들을 한데 꾹꾹 눌러 담아 압력을 높이면 액체가 되지. 그리고 고체는 충분히 높은 온도로 가열하면 녹아서 액체가 될 거야. 이 책에서는 원소가 실온(섭씨 20~25도), 그리고 해수면과 비슷한 높이에 있을 때(해수면 대기압)의 상태를 다루고 있어.

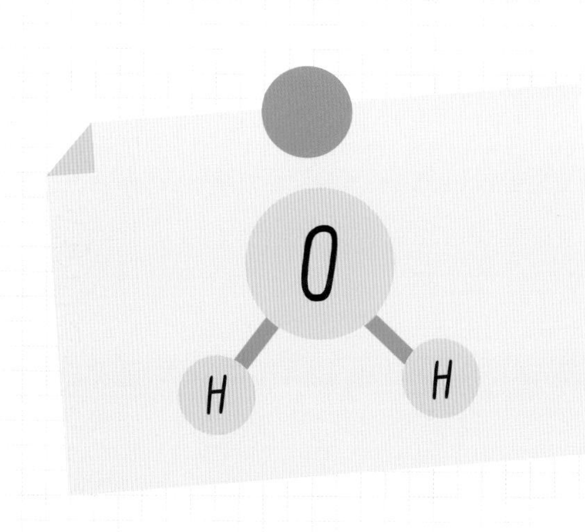

화합물

한 종류 이상의 원소가 원자들끼리 화학적으로 결합해서 생기는 물질을 화합물이라고 하지. 물은 수소(H) 원소와 산소(O) 원소가 결합해서 만들어지는 화합물이야. 물 분자 하나에는 항상 수소 원자 2개와 산소 원자 1개가 들어 있어. 그래서 물의 화학식은 H_2O야. 이런 암호명은 분자가 어떻게 구성되어 있는지와, 분자가 화학적으로 어떻게 행동할지를 말해 주는 단서야.
집에서 흔히 보이는 분자들을 몇 가지 소개할게.

메테인(CH_4)
이산화탄소(CO_2)
암모니아(NH_3)

어떤 원소는 같은 원자들끼리 결합해서 분자를 형성하기도 해. 예를 들어 산소는 공기 속에서 분자 형태(O_2)로 있지. 산소 원자들이 전자를 공유해서 더 안정적인 분자를 형성한 거야.

혼합물

서로 다른 화학 물질들이 뒤섞여 있을 수 있어. 이것을 '혼합물'이라 부르지. 화합물과 달리 혼합물의 구성 요소들은 서로 결합해 있지 않기 때문에 화학반응을 이용하지 않고도 분리할 수 있어. 예를 들어 뜨거운 물에 설탕을 녹이면 설탕-물 혼합물이 되는데, 이 혼합물을 접시에 붓고 기다리면 물이 모두 증발해 사라지고 설탕 결정만 남게 될 거야.

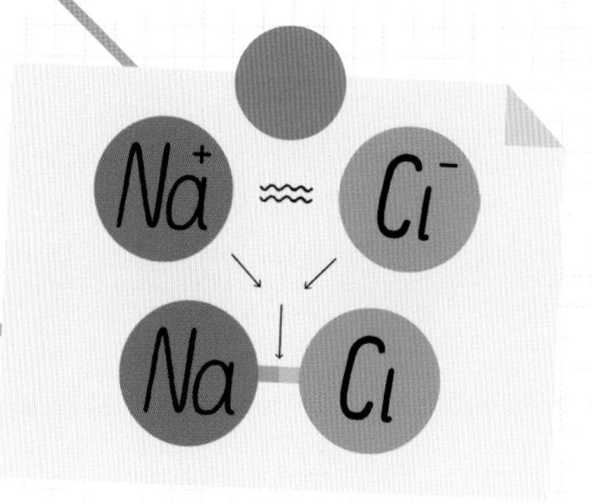

이온

이온은 전하를 띤 원자나 분자를 말해. 전자를 잃으면 양전하(+)를 띠고, 전자를 얻으면 음전하(–)를 띠지.

전하가 반대인 이온끼리 이루어지는 이온 결합은 화학에서 가장 강한 결합 중 하나야. 우리가 먹는 소금은 대부분 염화소듐(NaCl)으로 이루어져 있어. 그리고 염화소듐 분자는 양전하를 띤 소듐 이온(Na^+)과 음전하를 띤 염소 이온(Cl^-) 사이의 이온 결합으로 되어 있어. 두 이온이 서로를 끌어당겨 서로의 전하를 상쇄하게 돼.

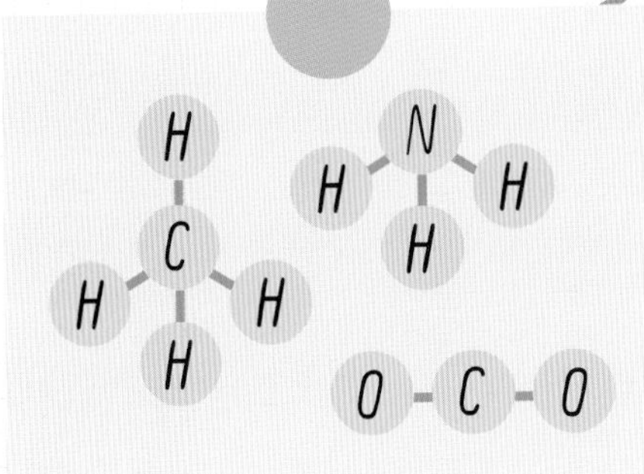

합금

합금은 특별한 혼합물이야. 금속에 다른 원소를 합쳐서 만들지. 철(Fe)과 탄소(C)로 만들어진 강철은 순수한 철보다 더 단단하고 강한 합금이고, 황동은 구리(Cu)와 아연(Zn)으로 된 합금이야.

용의자 1번부터 92번까지 주기율표 준비 완료!
92가지 원소는 자연에서 찾을 수 있는 것들이야.
나머지 26가지는 실험실에 가야 찾을 수 있지.
이제 해티와 래틀리의 도움을 받아 집에 숨어 있는 원소들을 찾아볼 시간이 왔어!

수소 Hydrogen

1 H

👁 색깔도 냄새도 없는 기체
⚠ 불이 매우 잘 붙음 ☆ 눈에 보이지 않음

수소는 우주에 있는 원소의 총 질량 중 거의 4분의 3을 차지하고 있어. 만약 우주에 있는 원자들을 모두 세어 볼 수 있다면 그중 90퍼센트는 수소 원자일 거야. 하지만 수소가 어디 숨어 있는지 찾아내기는 쉽지 않아. 수소는 보이지도 않고 냄새도 없는 기체니까. 하지만 수백 만 가지 물질 속에 들어 있는 수소를 추적할 수는 있지.

수소는 반응성이 대단히 높은 원소야. 다른 원소와 결합해서 다양한 화합물을 형성한다는 뜻이지. 지방, 기름, 당분, 전분 같은 천연 성분도 여기 해당하니까 우리가 먹는 음식 속에 들어 있는 수소를 찾아보는 것도 재미있을 거야!

수소 원자는 우리 몸속에도 있어. 단백질과 체액 속에 들어 있거든. 수소 원자는 우리 체중의 거의 10퍼센트 정도를 차지해.

기억해 둬!

👁 생김새
⚠ 위험 요소
☆ 특별한 능력

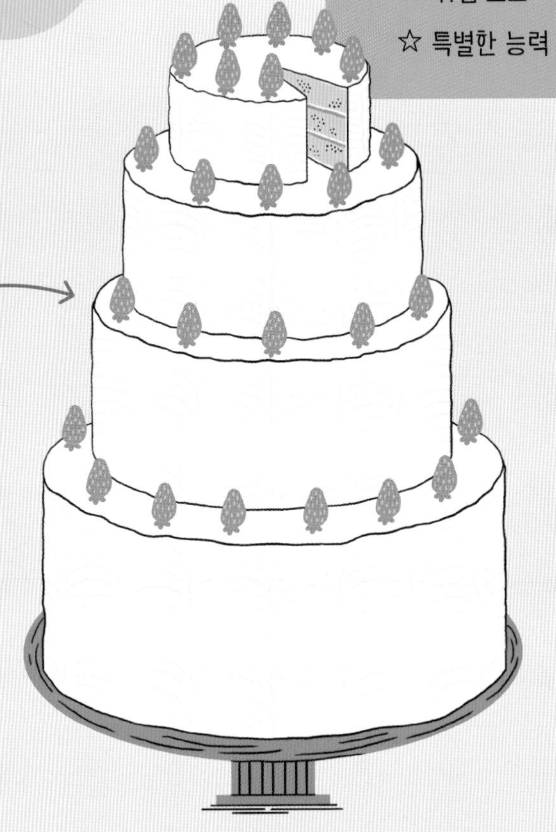

🧪 사건 발생 – 물속의 배터리

전기를 이용해 물 분자에서 수소 원자를 분해할 수 있어. 이것을 '전기분해'라고 하지. 9볼트 배터리를 차가운 물속에 똑바로 세워서 담가 봐. 음극(– 표시된 곳)에서 작은 수소 거품이 생겨서 수면으로 떠오를 거야. 어른한테 부탁해서 그 거품에 성냥불을 갖다 대 봐. 그럼 불이 붙을 거야. 실험이 끝났으면 배터리를 서둘러 꺼내서 바싹 말려야 해. 안 그러면 배터리가 금방 닳아 버리거든.

둘이 친구

수소 원자는 원자 중에서 제일 간단해서 핵 속에 양성자가 하나 있고, 그 주변을 도는 전자가 하나 있지. 하지만 수소가 기체로 존재할 때는 원자들이 쌍으로 짝을 지어서 수소 분자(H_2)를 이뤄. 그 형태가 더 안정적이거든.

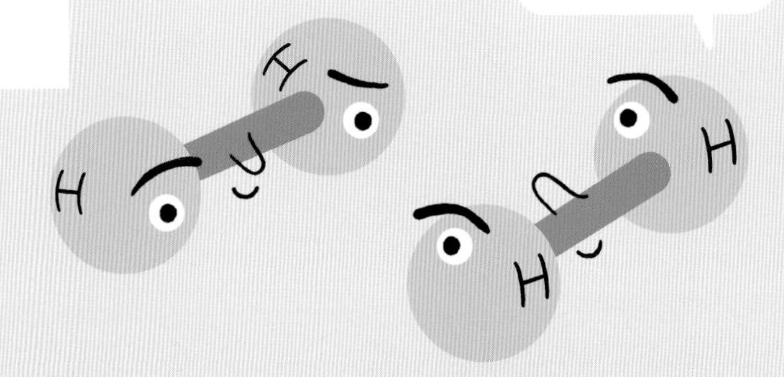

어디 있을까

- ☐ 우리 몸
- ☐ 물
- ☐ 물이 들어 있는 모든 것
- ☐ 음식
- ☐ 방귀
- ☐ 배터리
- ☐ 태양

냄새를 추적하라

우리 장 속에 사는 무해한 세균들은 우리가 방귀를 뀔 때 나오는 기체 혼합물을 만들어 내지. 이 혼합물 속에는 냄새 나는 기체는 물론이고 질소(공기의 주성분)도 들어 있지만 사실 수소도 굉장히 많이 들어 있어. 말 그대로 방귀가 폭발할 수도 있다는 뜻!

암호명 '물 형성자'

공기 중에서 수소가 불타면 물이 만들어져. 옛날 화학자들도 이 사실을 알고 있어서 수소에 해당하는 그리스어에는 '물 형성자'란 의미가 들어 있지. 물은 화학식이 H_2O인 화합물이야. 물 분자 하나는 산소(O) 원자 1개에 수소 원자 2개(2H)가 붙어 있다는 말이지. 그러니 방 속에 숨어 있는 원소들을 찾아내고픈 갈증이 들 때는 물을 한 잔 마셔 봐. 그것만으로도 어마어마한 양의 원자를 삼키는 거라구!

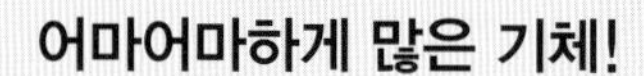

어마어마하게 많은 기체!

우주에는 1백억 개의 10^{68}배 정도의 원자가 있을 것으로 추정돼. 이 값은 1 뒤로 0이 78개 붙는 어마어마한 숫자야. 말하자면 백만 개의 백만 배의 백만 배의 백만 배의 백만 배의 백만 배의 백만 배의 백만 배의 백만 배의 백만 배의 백만 배의 백만 배의 백만 배 정도의 원자가 있는 거지. 그리고 그 수많은 원자 중 열에 아홉은 수소 원자야!

이것들이 모두 들어갈 정도로 우주가 커서 정말 다행이야!

1,000,000,000,000,000,
000,000,000,000,000,
000,000,000,000,000,
000,000,000,000,000,
000,000,000,000,000,
000,000,000,000,
000,000,000

헬륨 Helium

2 He

👁 색깔도 맛도 냄새도 없는 기체
⚠ 없음 ☆ 높이 날 수 있음

헬륨은 수소에 이어 우주에서 두 번째로 풍부한 원소야. 정말 가벼운 원소인데도 모든 원소를 합친 질량의 거의 4분의 1을 차지할 정도로 많지. 하지만 지구에서는 정말 희귀해서 어떤 과학자들은 헬륨이 지구에서 곧 바닥날지도 모른다고 생각해. 그럼 달 표면에서 헬륨을 캐 와야 할지도 몰라.

헬륨은 유일하게 지구보다 우주에서 먼저 발견된 원소야. 프랑스 천문학자 쥘 장센은 1868년에 일식을 관찰하다가 태양에서 오는 빛의 스펙트럼에서 밝은 노란색 띠를 발견했어. 이 색깔은 그때까지 알려진 어떤 원소와도 일치하지 않는 색깔이었지. 이 빛을 내는 원소에는 태양을 의미하는 그리스어 '헬리오스(helios)'를 따서 헬륨(helium)이란 이름이 붙여졌지.

헬륨은 온도가 아주 낮은 곳이나 압력이 아주 높은 곳(예를 들면 풍선에 바람을 채울 때 사용하는 금속 실린더)에 저장하면 액체가 돼. 액체 헬륨은 우주로켓의 연료탱크, 자기공명영상(MRI) 장치 같은 의료 장비, 슈퍼컴퓨터, 강입자 충돌기 같은 물체들을 아주 낮은 온도로 유지하는 데 사용할 수 있지.

사건 발생 – 헬륨을 마셨더니 오리 목소리가?

이 실험은 꼭 어른과 같이 해야 해. 풍선에 헬륨을 가득 채운 다음에 그 기체를 조금 들이마셔 봐. 그리고 나서 말을 하면 꼭 오리가 꽥꽥거리는 듯한 소리가 날 거야. 왜 그러냐면 소리의 속도가 공기보다는 헬륨을 통과할 때 더 빠르기 때문이지. 속도가 빨라지면 진동수가 커져서 높은 소리가 나게 돼. 이 실험은 안전하고 무척 재미있어! 하지만 하고 난 다음에 꼭 제대로 숨을 쉬어 주어야 한다는 것을 잊지 말라구!

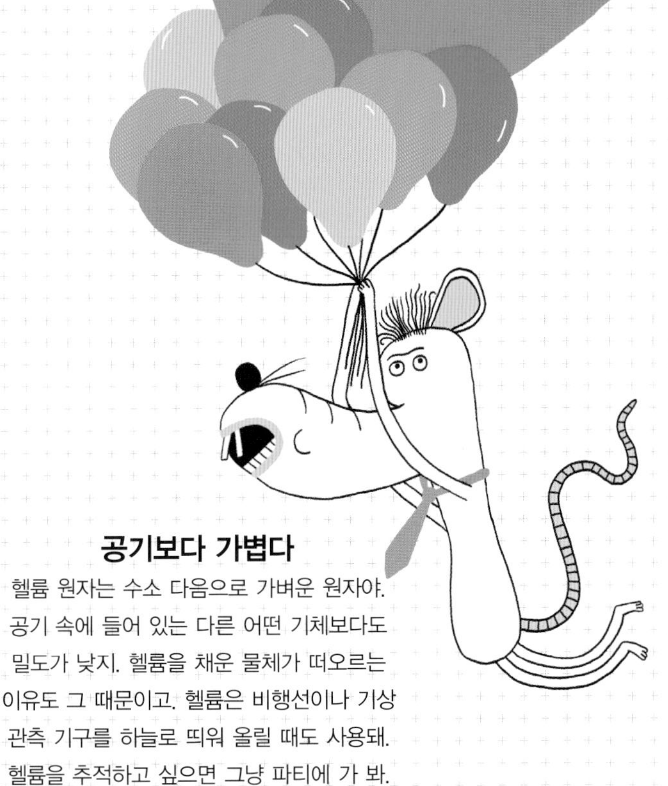

공기보다 가볍다

헬륨 원자는 수소 다음으로 가벼운 원자야. 공기 속에 들어 있는 다른 어떤 기체보다도 밀도가 낮지. 헬륨을 채운 물체가 떠오르는 이유도 그 때문이고, 헬륨은 비행선이나 기상 관측 기구를 하늘로 띄워 올릴 때도 사용돼. 헬륨을 추적하고 싶으면 그냥 파티에 가 봐. 둥둥 떠다니는 풍선 안에서 찾아낼 수 있을 거야.

파티 풍선은 시간이 지나면 왜 바닥으로 떨어질까?

그거야 기본이지! 헬륨 원자는 정말로 작기 때문에 풍선을 이루는 고무 분자들 틈새로 빠져나갈 수 있기 때문이야. 값이 더 비싼 은색 비닐 풍선은 더 오래 떠 있을 수 있어. 분자 사이의 간격이 고무 풍선보다 훨씬 더 촘촘하거든.

어디 있을까

- ☐ 파티 풍선
- ☐ 연기 탐지기
- ☐ 자기공명영상 장치
- ☐ 슈퍼컴퓨터
- ☐ 태양

리튬 Lithium

3 Li

👁 부드러운 은백색 금속
⚠ 높은 반응성 ☆ 슈퍼 배터리

리튬은 우주에서 가장 가벼운 금속이고, 고체 원소 중 밀도도 제일 낮지. 어찌나 가벼운지 물에 뜰 정도야. 하지만 물과 반응해서 가연성(불이 붙는 성질)의 수소 기체를 만들기도 해. 사실 리튬은 워낙 반응성이 높아서 수분이나 공기와 접촉하지 않도록 반드시 기름 속에 저장해야 해.

리튬은 일부가 빅뱅에서 만들어졌고, 우주선(cosmic ray)의 작용으로 만들어진 것은 더 많지. 하지만 과학자들은 리튬이 우주에 원래 있어야 할 양보다 적다고 생각해. 다 어디로 갔을까? 정말 미스터리야!

어디 있을까

- ☐ 배터리
- ☐ 폭죽
- ☐ 의약품

🔍 사건 발생 – 숨겨진 코드를 찾아라

전자 장치에 사용하는 단추 모양 배터리에 리튬이 들어 있는지 알아보려면 비밀 암호를 찾아야 해. 배터리 위에 CR2032처럼 'C'가 적힌 코드가 적혀 있다면 그 안에 리튬이 들어 있다는 뜻이야('R'은 그냥 배터리가 둥근 모양이라는 뜻이고).

빨간 로켓

불꽃과 로켓에서 리튬을 추적할 수 있어. 불이 밝은 빨간색으로 타오른다면 그 안에는 리튬 화합물이 들어 있을 가능성이 크지.

배터리는 어디에

전 세계에서 생산되는 리튬은 대부분 휴대용 전자 장치의 배터리를 만드는 데 들어가. 태블릿PC, 휴대폰, 노트북 같은 것들이지. 그러니 찾기가 그렇게 어렵지는 않을 거야.

미스터리 원소 1

그리스 탐정들: 데모크리토스와 아리스토텔레스

'원자'라는 개념은 고대 그리스 시대로 거슬러 올라가.

(기원전 5세기)

원자의 개념을 생각해 낸 사람은 철학자인 밀레토스의 레우키포스와 그의 제자 데모크리토스이지.

하지만 레우키포스는 실존 인물이 아니었을 수도 있어.

데모크리토스는 무언가를 점점 더 잘게 쪼개 나가면 결국은…

더 쪼갤 수 없는 조각이 나온다고 주장했어. 그는 이 마지막 조각을 '원자'라고 불렀지.

'원자(atom)'라는 이름은 '자를 수 없는', '나눌 수 없는'이란 뜻의 고대 그리스어 '아토모스(atomos)'에서 유래했어.

데모크리토스는 원자가 서로 다른 크기(이건 맞고), 서로 다른 모양(요건 틀림)을 가진다고 생각했지.

그가 원자에 대해 옳게 주장한 것도 있어.

모두가 여기에 동의한 것은 아니야. 그리스의 슈퍼 철학자 아리스토텔레스 역시 그랬지.

아리스토텔레스는 흙, 공기, 불, 물 이렇게 네 가지 원소만 존재하고, 이 네 원소는 제각각 고유한 모습을 하고 있다고 믿었어.

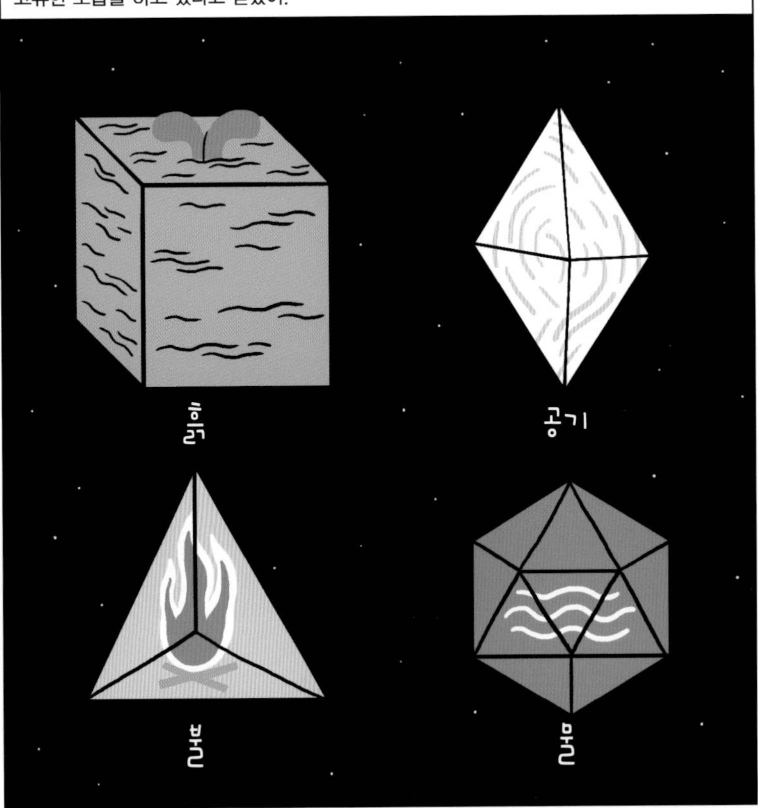

아리스토텔레스는 모든 물질이 이 네 원소로 이루어졌다고 주장했지.

하지만 사실은 데모크리토스의 주장이 진실에 더 가까웠어.

베릴륨 Beryllium

^{4}Be

👁 가벼운 은색 금속
⚠ 들이마시지 말 것 ☆ X선 투과성

자연에서 베릴륨은 땅속의 어떤 광물질에만 들어 있는 아주 희귀한 금속 원소야. 녹주석이라고 하는 베릴륨 화합물은 남옥과 에메랄드 같은 아름다운 보석이 되기도 하지.

어디 있을까

- ☐ 보석
- ☐ X선 장치
- ☐ 인공위성
- ☐ 공구

합금의 비밀

베릴륨과 다른 금속을 섞어서 합금을 만들기도 해. 구리와 섞으면 강철 표면을 두드려도 불꽃이 튀지 않는 아주 안전한 공구를 만들 수 있지(폭발성 화합물 근처에서 작업할 때 무척 쓸모 있어)! 베릴륨 금속은 가볍기 때문에 항공기, 유도미사일, 인공위성 등에도 쓰여.

세계에서 가장 큰 에메랄드 중 하나인 바이아 에메랄드는 4천5백억 원의 가치를 인정받았어.

바이아 에메랄드 2001

X선 입자

베릴륨이나 베릴륨 화합물로 된 먼지를 들이마시면 베릴륨증이라는 심각한 폐질환을 일으킬 수 있어. 하지만 베릴륨은 의료에서 중요한 역할도 맡고 있지. 베릴륨 원자는 아주 작아서 X선이 이 금속을 그대로 통과해. 그래서 X선 장치에 베릴륨을 사용하지. X선 장치를 뒤져 보면 이 원소를 찾을 수 있을 거야!

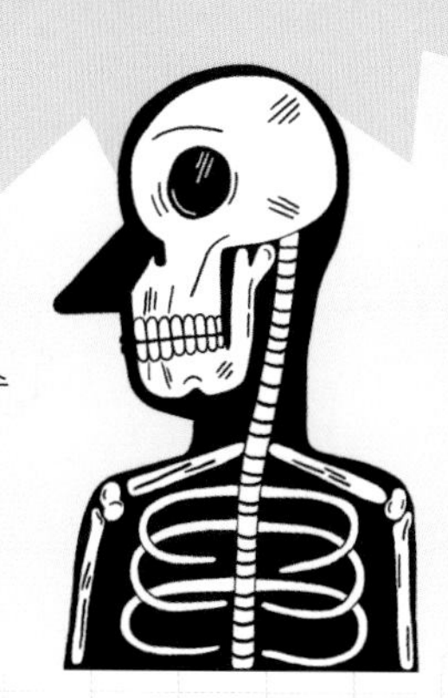

붕소 Boron

^{5}B

👁 암갈색 준금속
⚠ 생명체에 필수 ☆ 자유자재로 모양을 바꿈

붕소는 생명체에 꼭 필요한 원소이며, 우리 뼈를 튼튼하고 건강하게 유지해 주지. 콩, 바나나, 브로콜리 같은 음식에 들어 있어. 여러 가지 가루 세제(예를 들면 붕사 같은 것)에도 붕소 화합물이 들어 있지.

어디 있을까

- ☐ 콩
- ☐ 바나나
- ☐ 브로콜리
- ☐ 세제
- ☐ 헬멧
- ☐ 서핑보드
- ☐ 고무찰흙

내열유리를 찾아라

붕소를 실리콘과 결합시키면 붕규산 유리가 만들어지지. 이 물질은 온도가 갑작스럽게 변해도 깨지지 않아. 그래서 열에 강한 실험실용 시험관이나 조리기구를 만드는 데 딱이지!

붕소는 파이버글라스에도 사용되지. 파이버글라스란 플라스틱과 유리섬유를 섞어 강도를 높인 재료야. 이 재료는 아주 다양한 모양으로 제작이 가능하기 때문에 자동차에서 헬멧, 서핑보드, 배에 이르기까지 온갖 것을 만들 때 사용되지.

⚗ 사건 발생-붕소로 액체 괴물을 만들다

액체 괴물을 직접 만들어 볼까. 컵에 차가운 물을 조금 붓고 붕사 한 숟가락을 녹인 다음, 투명한 물풀(PVA풀)을 조금 섞어. 그럼 액체처럼 찌그러지기도 하고, 공처럼 튀어 오르기도 하고, 반으로 찢을 수도 있는 끈적끈적한 공이 만들어질 거야! 붕사 속에 들어 있는 붕소 원자들이 접착제 속에 들어 있는 기다란 분자사슬(중합체라고 불러)들을 연결해서 아주 끈적끈적한 물질로 만들어 주는 거지. 보관할 때는 뚜껑을 닫아서 냉장고에 넣어 둬.

탄소 Carbon

6 C

👁 어두운 색이 많지만 때로는 반짝거림
⚠ 지구의 운명을 위협할지도! ☆ 위장의 달인

탄소는 정말 흔해! 탄소는 우리 몸에서 산소의 뒤를 이어 두 번째로 흔한 원소이고, 질량으로 따지면 우주에서 네 번째로 흔한 원소야. 그리고 지각에서는 열다섯 번째로 흔한 원소지. 하지만 탄소는 정말 특별한 존재야. 지금까지 알려진 모든 생명체에서 없어선 안 되는 성분이거든.

탄소 원자는 다른 원소들과 결합하는 능력이 정말 다재다능해. 탄소 화합물의 종류는 천만 가지가 넘는데 이런 화합물을 연구하는 학문을 유기화학이라고 하지. 탄소는 사람을 비롯해서 모든 생명체에 들어 있어. 우리가 먹고 마시고 입고 사용하는 것들에도 들어 있지. 플라스틱으로 만들어진 것들에도 모두 탄소가 들어 있어.

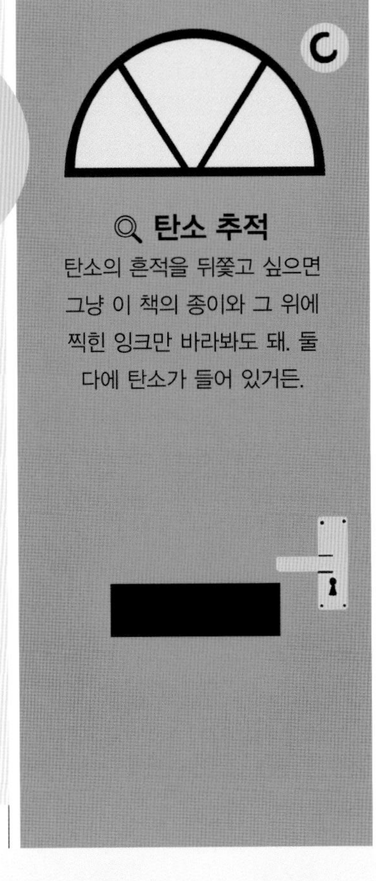

🔍 탄소 추적

탄소의 흔적을 뒤쫓고 싶으면 그냥 이 책의 종이와 그 위에 찍힌 잉크만 바라봐도 돼. 둘 다에 탄소가 들어 있거든.

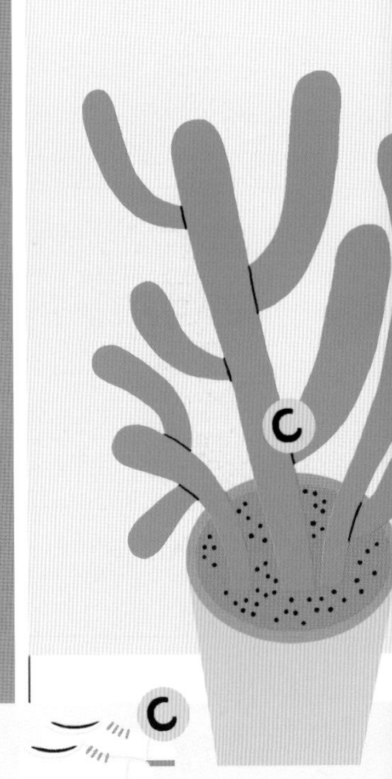

어디 있을까

- ☐ 우리 몸
- ☐ 반려동물
- ☐ 음식
- ☐ 토스트
- ☐ 설탕이 든 음료
- ☐ 식물
- ☐ 석탄
- ☐ 숯
- ☐ 기름
- ☐ 휘발유
- ☐ 옷
- ☐ 플라스틱
- ☐ 고무
- ☐ 이 책
- ☐ 연필

지구온난화

3억 5천만 년 전부터 약 1억 년에 걸친 석탄기와 페름기에 죽은 식물이 퇴적되어 변화를 거쳐 생겨난 석탄에는 탄소가 가득해. 사람들은 매년 석탄 수십억 톤을 태워서 전기를 만들어 내지. 이때 생겨나는 이산화탄소(CO_2)가 지구온난화를 부추기고 있어. 그래서 석탄, 천연가스, 석유 같이 탄소가 많이 들어 있는 화석연료를 대신할 청정 에너지를 찾으려고 노력하는 거야.

🔍 연필심의 정체

용의자의 얼굴을 연필로 스케치해 봐. 그럼 확실하게 탄소를 찾아낼 수 있을 거야. 여러분이 지금 쓰고 있는 연필 속에 들어 있거든! 연필심은 흑연으로 만들어졌는데, 흑연은 탄소로 되어 있어. 흑연 속의 탄소 원자들은 서로 잘 미끄러지는 층 형태로 약하게 결합되어 있기 때문에 종이 위에 문지르면 자국을 남기지.

🧪 사건 발생 – 전기가 통하는 연필이라고?

흑연은 비금속으로는 아주 드물게 전기가 통해! 어른한테 연필을 쪼개서 그 속에 들어 있는 연필심만 꺼내 달라고 부탁해 봐. 그다음엔 전구하고 전지로 아주 간단한 회로를 만드는 거야(그림 참고). 이제 전선을 연필심에 연결해서 회로를 완성! 짜잔, 전구에 불이 들어올 거야.

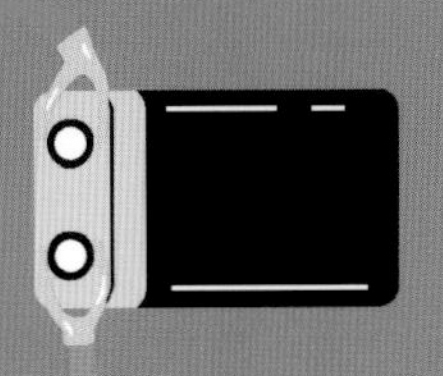

강철의 비밀

철에 탄소를 조금(2.11퍼센트 이하) 첨가하면 더 단단하고 강한 탄소강이 돼. 탄소강은 다리, 집, 세탁기, 냉장고 등을 만들 때 사용되지. 탄소를 훨씬 더 많이 첨가하면 주철이 만들어지는데, 잘 부러지기는 하지만 강한 금속이야. 철도, 맨홀 뚜껑, 냄비, 팬 같은 데서 찾아볼 수 있지.

위장의 달인

탄소는 위장의 달인이야. 원자의 배열 방식을 바꿔 가며 서로 다른 물질들을 만들어 내지. 탄소로만 이루어진 이 물질들을 탄소의 '동소체'라고 해. 자연적으로 만들어지기도 하고 사람이 만들기도 하는 탄소의 동소체로는 다이아몬드, 석탄, 흑연, 숯, 그래핀 등이 있어.

C
• 반려동물
• 음식
• 옷
• 식물
• 석탄
경고! 이 실험은 꼭 어른과 함께 해. 불꽃은 절대 만지지 말고.
베이킹 파우더 100g

사건 발생 – 레몬 소화기를 만들다!

이산화탄소는 탄소 원자 1개(C)에 산소 원자 2개(2O)가 결합한 화합물이야. 그래서 암호명은 CO_2지. 이산화탄소는 탄산음료에서 거품을 일으키는 주범이고, 일부 소화기에도 사용돼.

소다나 베이킹파우더를 담은 컵에 레몬주스를 부어 섞으면 화학반응을 통해 이산화탄소가 만들어져. 불이 켜진 촛불 위에서 컵을 기울여 기체를 조심스럽게 부으면 불이 꺼질 거야. 이산화탄소는 공기보다 무거워서 아래로 흘러내리거든.

질소 Nitrogen

7 N

◎ 색깔도 냄새도 없는 기체
⚠ 폭발성 화합물! ☆ 아주 시끄러움

질소를 찾아 나설 필요는 없어. 질소가 우리를 찾아낼 테니까! 왜냐고? 우리는 질소를 볼 수도 맛볼 수도 없겠지만 질소는 우리가 숨 쉬는 공기의 78퍼센트를 차지하고 있거든. 그리고 인체는 공기로부터 질소를 흡수할 수 없기 때문에 우리가 폐 한가득 들이마셨다가 내쉬는 공기는 대부분 질소로 이루어져 있어.

질소 원자는 생명체의 기본 청사진인 유전자의 DNA 분자 안에 들어 있어. 그리고 우리 몸의 단백질(근육과 조직)을 구성하는 아미노산에도 들어 있지. 이런 성분은 끊임없이 새로운 것으로 대체되어야 하니까 우리는 달걀, 고기, 생선, 견과류 등을 통해 매일 단백질을 60그램 정도 먹어 줘야 해.

어디 있을까

- ☐ 우리 몸
- ☐ 크리스마스 크래커
- ☐ 공기
- ☐ 똥
- ☐ 오줌
- ☐ 달걀
- ☐ 생선
- ☐ 고기
- ☐ 콩
- ☐ 사과 씨
- ☐ 나일론 옷감

사건 발생 – 폭죽 폭발!

질소를 포함한 화합물은 무서울 만큼 반응성이 높을 수 있어. 이런 화합물은 화약, 니트로글리세린, TNT 같은 폭발물에 들어 있지. 크리스마스 선물인 크리스마스 크래커에도 들어 있어. 크리스마스 크래커가 터지지 않게 조심스레 뜯어서 심지를 꺼낸 다음, 심지에 묻어 있는 폭발성 화합물(뇌산은, AgCNO)을 망치로 때려 봐. 작게 '펑' 하는 소리가 날 거야.

똥과 오줌의 색깔

오줌은 94퍼센트가 물(H_2O)이고 나머지는 우리 몸에서 나온 수용성(물에 녹는 성질) 화합물로 되어 있지. 오줌과 똥의 색깔은 질소가 들어 있는 화합물 때문에 생겨. 오줌이 노란색인 것은 유로빌린 때문이고 똥이 갈색인 것은 스테르코빌린 때문이지. 한때는 사람의 똥과 오줌에 들어 있는 질소가 귀한 대접을 받았어. 똥은 모아 두었다가 비료로 썼고, 오줌은 화약을 만드는 데 썼거든!

웃기는 기체로군

질소는 산소와 결합해서 다양한 화합물을 형성해. 아산화질소(N_2O)는 '웃음가스'라고도 해. 들이마시면 키득키득 웃음이 나거든. 이산화질소(NO_2)는 독성 가스이니 조심하고.

사건 발생 – 독이 든 씨앗

청산가리 같은 시안화물은 탄소 원자와 질소 원자가 함께 결합되어 들어 있는 독성이 강한 화학 물질이야. 사과를 잘라서 씨앗을 꺼내 봐. 이 씨앗에는 삼키면 위에서 아주 적은 양의 시안화물을 방출하는 천연 당분이 들어 있어. 양이 너무 적어 몸에 해가 되지는 않겠지만, 그래도 사과 씨는 뱉는 게 좋겠지.

산소 Oxygen

8 O

👁 색깔도 냄새도 없는 기체
⚠ 불꽃을 살려 냄 ☆ 생명체에 필수

산소는 지구에서 가장 흔한 원소고, 우주에서도 세 번째로 풍부한 원소지. 산소는 우리가 숨 쉬는 공기의 21퍼센트 정도를 구성하고 있고, 우리 몸의 65퍼센트 정도가 산소로 이루어져 있어. 인체가 대부분 물(H_2O)로 이루어졌기 때문이지.

약 45억 년 전에 지구가 만들어졌을 때 대기에는 산소가 거의 없었어. 그러다가 남세균 같은 작은 생명체가 생겨나 생명 활동의 부산물로 산소를 만들어 내기 시작했지. 이렇게 산소가 차츰 대기 속에 쌓여서 이제는 지구에 사는 거의 모든 생명체가 산소 없이는 살 수 없는 지경이 됐어.

산소는 연소(불타는 현상)에도 꼭 필요해. 산소가 없으면 우리는 불을 붙일 수도, 난방을 할 수도, 자동차나 비행기 같은 기계 장치를 굴릴 수도 없을 거야.

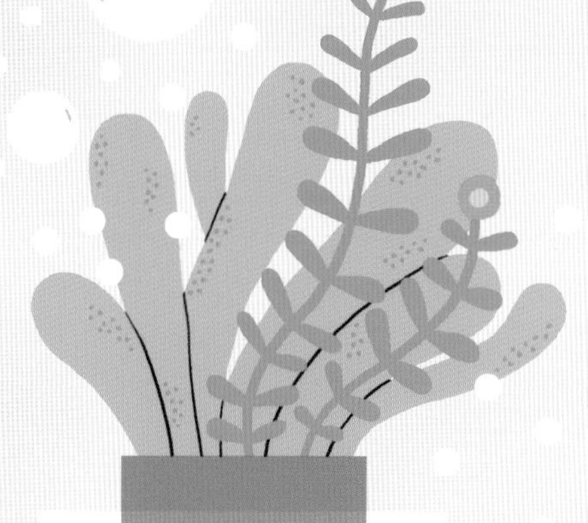

사건 발생 – 숨 쉬는 풀

햇빛을 받은 초록 식물들은 흙에서 빨아올린 물과 공기에서 흡수한 이산화탄소를 결합해서 당분과 산소를 만들어 내지. 이 과정을 '광합성'이라고 해. 식물들은 이파리를 통해서 산소를 뿜어 내니까, 산소를 추적하고 싶으면 물냉이 이파리 하나를 물이 든 유리컵에 담아 햇볕이 잘 드는 곳에 둬 봐. 그럼 광합성이 일어나서 이파리 위에 작은 산소 방울들이 맺힐 거야.

산소는 왜 어디에나 있을까?

그건 기본 상식이야! 산소는 아주 반응성이 강해서 '산화물'이라는 수백만 가지 형태의 화합물을 만들어 내거든. 산소는 유리컵에서 풀, 먼지, 녹(산화 제2철), 음식과 음료수에 이르기까지 온갖 것에서 발견돼. 예를 들면 오렌지주스, 오렌지주스가 담긴 유리컵, 주스의 대부분을 구성하고 있는 물 분자, 오렌지에서 나온 산과 당분 속에도 산소가 있고, 공기에서 산소가 주스로 녹아들기도 하지.

어디 있을까

- ☐ 우리 몸
- ☐ 공기
- ☐ 물
- ☐ 마시는 차
- ☐ 커피
- ☐ 초콜릿
- ☐ 설탕
- ☐ 유리
- ☐ 레몬주스
- ☐ 오렌지주스
- ☐ 식물
- ☐ 녹

사건 발생 – 차가운 거품의 비밀

산소를 비롯해서 여러 기체가 물에 녹아 있어. 물고기는 산소가 녹아 있는 물을 아가미 사이로 통과시켜서 숨을 쉬지. 물속에 산소가 얼마나 녹아들지는 물의 온도에 달려 있어. 시원한 물 두 잔을 비닐 랩으로 덮은 다음 하나는 시원한 냉장고에 넣어 두고, 하나는 햇볕 좋은 따뜻한 곳에 둬 봐. 다음 날 가 보면 따뜻한 곳에 둔 잔에만 거품이 생겼을 거야. 물에 녹아 있던 산소가 빠져나와서 그러한데, 물이 따뜻해지면 그 속에 녹아 있는 산소의 양이 줄어든다는 뜻이지. 이것은 바다에 안 좋은 소식이야. 기후 변화로 바다의 온도가 올라가면 그 속에 사는 생명체들이 영향을 받을 테니까.

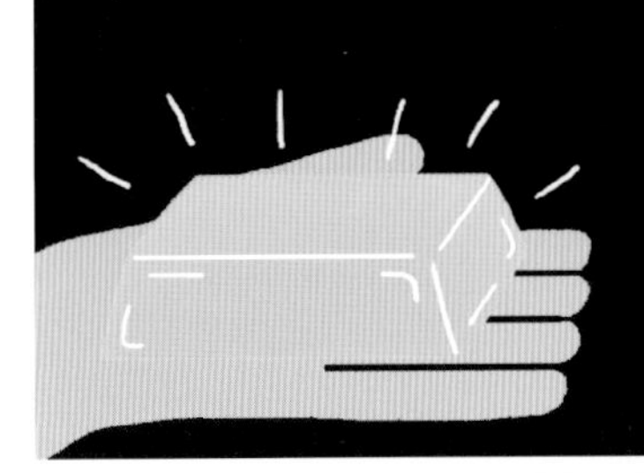

미스터리 원소 2

연금술 탐정: 현자의 돌 사건

수천 년 동안 사람들은 가치가 떨어지는 물질을 가져다 금으로 바꾸려고 했지만 실패하고 말았지.

금이에요?
아니, 그냥 금속.

(중세)

이 초기의 화학자들을 바보, 아니 연금술사라고 불렀지. 연금술(alchemy)이라는 단어의 기원은 고대 그리스로 거슬러 올라가.

당신은 미라?
아니, 실험하다 폭발해서. 끄응.

(기원전 1900)

연금술사들은 비밀리에 일할 때가 많았지. 이들의 믿음은 흑마술에 가까웠거든.

이거 마법인가?
꽝
눈썹을 사라지게 하는 마술이랄까.

연금술사들은 모든 질병을 치료하고 젊음을 유지시켜 줄 만병통치약도 찾아내려 했어.

나는 영생의 비밀을 찾고 말겠어. 그 비밀이 나를 죽일지라도…

연금술사들은 16개의 천연 원소를 알아냈는데, 그중 금이 가장 순수하고 완벽했지.

연금술사들은 그 각각의 원소에 비밀 기호를 부여하고(오른쪽 표 참고) 실험 결과를 기록해 두었지. 일부 기호는 도무지 이해할 수 없지만.

이건 뭐죠?*
나도 몰라.

*안티모니의 기호(45쪽 참고)

많은 원소들이 하늘에 있는 천체와 연관된 기호를 갖고 있었어. 물론 태양은 금을 상징하는 기호였지.

피부를 황금빛으로 태우는 중이야.

연금술사들은 원소 말고도 자기가 사용하는 모든 것에 비밀 기호를 부여했어.

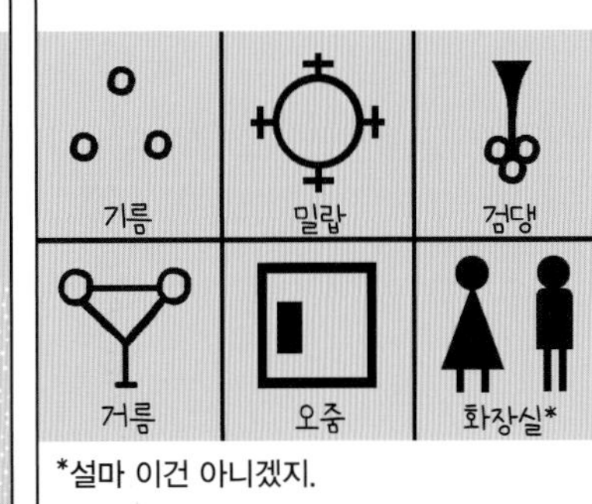

*설마 이건 아니겠지.

유럽의 수많은 연금술사들은 '현자의 돌'을 찾으려 했어. 《해리 포터》에 나온 바로 그 돌 말이야. 그 돌이 영생을 안겨 주리라 믿었거든.

현자의 돌이라고?
DVD에서 구했어.

연금술은 차츰 현대의 화학으로 발전했지. 독일의 수도승 알베르투스 마그누스는 1250년경에 비소를 추출해 냈어. 발견한 사람이 알려진 원소로는 이것이 최초지.

원소 이름은 내 이름을 따서 짓지 않았어.
비소

이제 연금술은 우리와 아무 상관도 없다고? 다시 생각해 봐. 볼보 자동차의 로고는 철을 상징하는 오래된 연금술 기호라고!

내가 만든 금을 탈탈 털어서 샀어!

플루오린(불소) Fluorine

9 F

👁 옅은 노란색 기체
⚠ 대단히 높은 반응성 ☆ 이빨을 튼튼하게!

플루오린은 희귀한 원소야. 이것이 엄청나게 반응성이 높은 원소라는 것을 생각하면 다행스러운 일이지. 플루오린은 일부 비활성 기체를 비롯한 거의 모든 원소와 반응하거든.

플루오린은 물과 반응해서 플루오린화수소산이 돼. 이 산은 워낙 강해서 유리도 녹일 수 있어. 플루오린을 원소로 추출하려 했던 화학자들 중에는 끔찍한 사고를 당한 사람이 많아. 눈이나 팔다리, 심지어는 목숨을 잃기도 했지. 이런 사람들을 '플루오린 순교자'라고 불러.

어디 있을까

- ☐ 플루오린 치약
- ☐ 마시는 차
- ☐ 달라붙지 않는 냄비 (테프론)
- ☐ 공기가 통하는 방수천 (고어텍스)

활짝 웃어 볼까

이빨의 법랑질은 우리 몸에서 제일 단단한 물질이지만 우리 입속 세균이 당분을 분해할 때 나오는 산에 파괴돼서 충치가 생기지. 그래서 하루에 두 번씩 칫솔질을 하라는 거야. 플루오린 치약에 들어 있는 플루오린 원자가 이빨의 법랑질과 결합해서 충치가 잘 생기지 않는 더 튼튼한 법랑질로 만들어 주거든.

네온 Neon

10 Ne

👁 색깔도 맛도 냄새도 없는 기체
⚠ 비활성이라 위험하지 않음
☆ 어둠 속에서 빛을 냄

주기율표를 한번 봐. 네온이 반응성이 아주 낮은 비활성 기체에 들어 있는 것이 보일 거야. 네온이라는 이름은 '새롭다'는 뜻이야. 처음 발견된 1898년만 해도 네온은 아주 새로운 것이었지! 이 원소는 너무 가벼워서 위로 떠올라 지구의 대기를 벗어날 수도 있어.

네온에 전기를 통과시키면 주황색 빛을 내지. 오래된 간판을 찾는다면 거기에 네온이 들어 있을지도 몰라. 유리에 색칠을 하면 네온사인의 색이 달라지지.

10 Ne-ON

어디 있을까

- ☐ 공기
- ☐ 네온사인
- ☐ 오래된 CD 플레이어

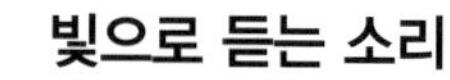

CD 플레이어가 세상에 막 나왔을 때는 빨간색 헬륨-네온(He-Ne) 레이저를 사용했어. 요즘에는 대부분 값싼 다이오드 레이저로 대체됐지만, 부모님은 초기 모델을 갖고 있을지도 몰라.

11 Na

소듐(나트륨) Sodium

👁 부드러운 은색 금속
⚠ 물에 적시지 말 것! ☆ 얼음을 녹임

소듐 덕분에 우리 몸의 신경들은 신호를 보낼 수 있어. 소듐은 혈압을 조절하는 데도 도움을 주지. 그러고 보면 소듐을 원소 금속 상태가 아니라 여러 가지 화합물 형태로 손쉽게 구할 수 있어서 참 다행이야. 순수한 소듐은 반응성이 엄청 높아서 물과 접촉하면 폭발하거든!

소듐 화합물 중 우리에게 제일 익숙한 건 염화소듐(NaCl), 즉 소금이야. 소금은 땅속에서 캐내기도 하는데 선사시대의 바닷물이 증발하고 남겨진 거지. 이 중 상당수는 약 2억 년 전에 만들어졌어.

소금을 너무 많이 섭취하지 않게 조심해야 해. 너무 많이 먹으면 건강에 문제가 생길 수 있거든.
우리 몸은 조직 속 소듐의 균형을 유지하지. 소듐이 너무 많아지면 콩팥에서 걸러서 오줌을 통해 내보내.

어디 있을까

- ☐ 우리 몸
- ☐ 오줌
- ☐ 소금
- ☐ 소다의 중탄산염
- ☐ 식품 첨가물
- ☐ 유리창
- ☐ 병
- ☐ 항아리
- ☐ 바다

왜 눈 오는 날 도로에 소금을 뿌릴까?

당연히 알아야 할 기본 상식! 소금물은 맹물보다 더 낮은 온도에서 얼거든. 그래서 눈이 올 때 소금을 뿌리면 눈과 얼음이 녹아서 도로가 더 안전해져. 하지만 소금은 효율이 낮고 다른 쓸모도 많아서 이런 용도로는 염화칼슘을 주로 쓰지.

사건 발생 – 마법의 소금 가루

차가운 물에 얼음덩어리를 띄우고 실 끝을 그 위에 내려서 얼음을 들어 올려 봐. 당연히 안 되겠지! 이번에는 젖은 실 끝을 얼음 위에 올려놓고 그 위에 소금을 살짝 뿌려. 잠깐 기다렸다가 천천히 실을 들어 올려 봐. 짜잔~ 얼음덩어리도 같이 올라올 거야! 소금이 얼음 위쪽을 잠깐 녹였다가 다시 얼거든. 그때 실이 얼음에 달라붙는 거야.

사건 발생 – 하얀 결정이 나타나다

오염이 안 된 아주 맑은 바다에서 바닷물을 한 통 떠서 집으로 가지고 와 그릇에 붓고 따뜻한 곳에 올려 둬. 그럼 물이 서서히 증발하고 하얀 결정이 남을 거야. 그건 대부분 염화소듐이지만 염화포타슘, 염화마그네슘, 염화칼슘 같은 것도 들어 있지.

마그네슘 Magnesium

12 Mg

👁 반짝이는 회색 금속
⚠ 공기 중에서 타오름 ☆ 광합성

마그네슘은 생명체에 꼭 필요해. 초록 식물의 이파리에 들어 있는 엽록소 분자의 중심부에 마그네슘이 있는데, 이것이 광합성 과정에서 없어서는 안 되는 요소이지. 광합성은 우리가 숨 쉴 수 있는 공기 속의 산소를 만들어 주고, 우리가 먹는 음식도 거의 모두 광합성에서 나와.

마그네슘은 모든 생명체, 모든 유형의 세포에 들어 있어. 특히 뼈와 근육에 많지. 마그네슘은 세포가 에너지를 낼 수 있게 도와줘. 몸을 건강하게 하려면 다크 초콜릿, 씨앗, 견과류, 초록 잎채소처럼 마그네슘이 풍부한 음식을 먹어야 해.

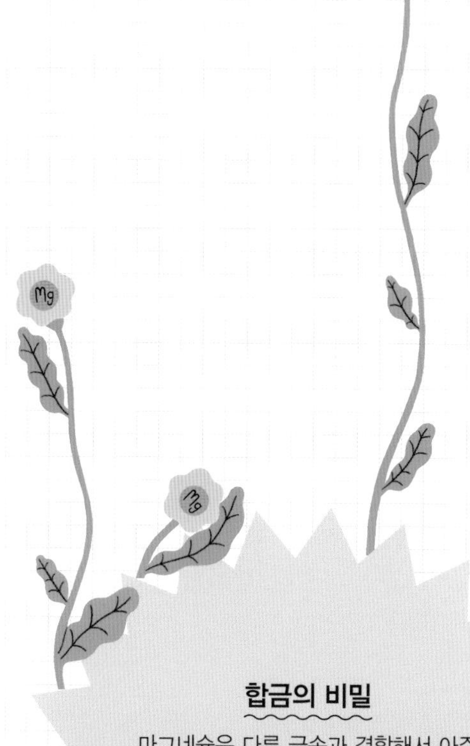

합금의 비밀

마그네슘은 다른 금속과 결합해서 아주 단단하면서도 가벼운 합금이 되지. 알루미늄과 마그네슘의 합금은 자동차 휠, 카메라, 노트북, 휴대폰, 골프채, 항공기, 활, 전동 공구, 자전거 등에 쓰여. 경주용 자전거는 순수한 마그네슘으로 프레임을 만들기도 해.

어디 있을까

- ☐ 우리 몸
- ☐ 초록 식물
- ☐ 잎채소
- ☐ 브라질너트
- ☐ 아몬드
- ☐ 호박씨
- ☐ 다크 초콜릿
- ☐ 광천수
- ☐ 노트북
- ☐ 휴대폰
- ☐ 골프채
- ☐ 자전거 프레임
- ☐ 폭죽

마그네슘은 가볍고 공기 속에서 밝은 하얀색 불꽃을 내며 타오르지. 마그네슘을 폭죽에 사용하면 하얀 불똥이 만들어져!

🔍 음료수 속의 마그네슘

광천수에는 땅속 바위에서 흘러나온 마그네슘이 들어 있는 경우가 많아. 마그네슘은 독특한 맛 때문에 쉽게 알아볼 수 있지만 식품 라벨에서도 단서를 찾을 수 있지.

알루미늄 Aluminium

13 Al

👁 가벼운 은백색 금속
⚠ 대부분 무해함 ☆ 무한하게 재생 가능

알루미늄은 보통 바위 속에 든 화합물 형태로 있어. 일부 활화산 내부에서는 액체 상태의 순수한 금속으로도 존재할 수 있지만. 알루미늄은 정말 재주가 많은 녀석이라 집 구석구석에서 찾아볼 수 있지. 재활용품 수거함을 뒤져 보면 많이 나올 거야.

알루미늄은 잡아당기거나 누르면 모양이 잘 변해. 음식을 안전하게 포장하는 데 사용되는 얇은 알루미늄 포일도 그렇게 만든 거야. 알루미늄 포일은 빛과 공기를 차단해 주기 때문에 초콜릿을 신선하게 유지하는 데 좋지. 하지만 금속 재료로 치료한 이빨이 있다면 음식에 알루미늄 포일이 남지 않게 조심해야 해. 알루미늄 포일과 금속 재료가 침 속에서 반응을 일으켜서 작은 전기 충격을 만들어 낼 수도 있으니까.

🔍 사건 발생 – 무엇이 알루미늄 캔인가

음식이나 음료수를 담는 캔은 강철(철의 일종)이나 알루미늄으로 만들지. 둘 다 재활용이 가능한데 재활용 센터에서 이용하는 방법으로 이 둘을 가려낼 수 있어. 냉장고에 붙여 쓰는 자석 제품을 캔 옆에 갖다 대서 달라붙는지 확인해 봐. 알루미늄은 자성이 없기 때문에 강철 캔만 자석에 달라붙을 거야. 아주 쉽지!

Fe

알루미늄 보석

커다란 산화알루미늄(Al_2O_3) 결정이 자연에서 만들어지지. 이 결정에 다른 원소가 첨가되면 빨간색(루비), 파란색(사파이어), 초록색, 노란색 등 아름다운 색깔로 변해.

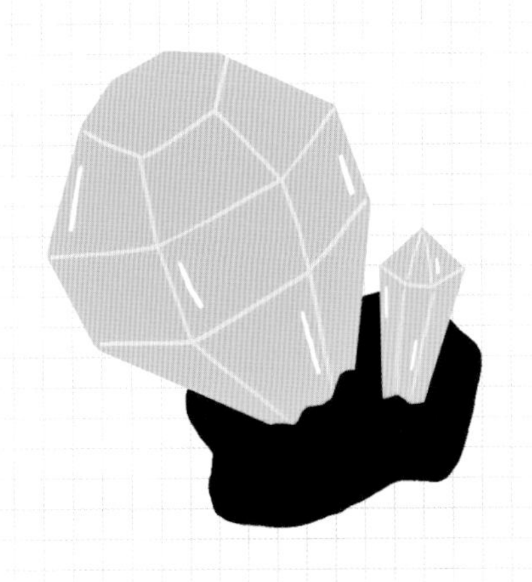

알루미늄은 영원하다

알루미늄은 무한히 재활용할 수 있어. 알루미늄으로 만들어진 것은 녹여서 새로운 물건을 만들어도 영원히 품질이 유지되지. 알루미늄 캔이 미국에 도입된 것은 1959년이었어. 오늘 마신 음료수 캔에 어쩌면 할아버지가 마셨던 음료수 캔에 들어 있던 알루미늄이 들어 있을지도 몰라!

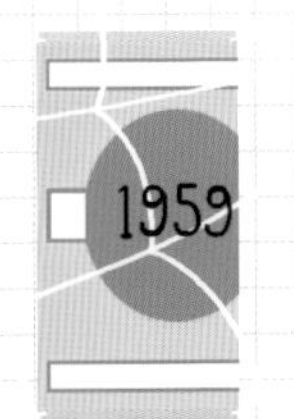

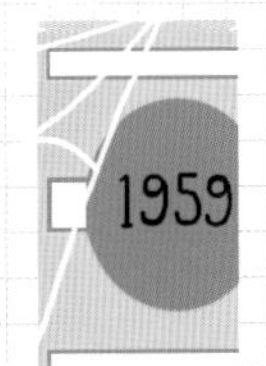

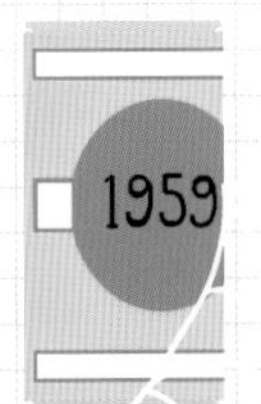

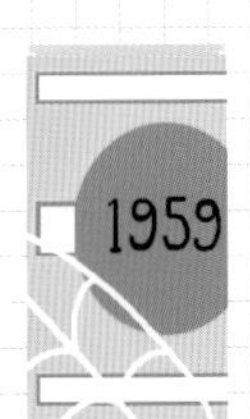

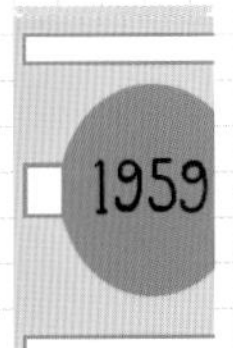

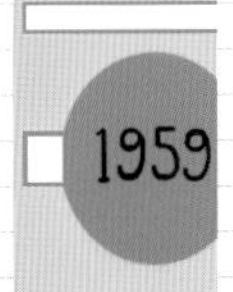

사건 발생 – 알루미늄 포일 삶기

순수한 알루미늄은 공기 중의 산소와 반응해서 산화알루미늄 코팅막을 형성하지. 이 코팅막은 나머지 알루미늄이 더 이상 화학적 변화를 겪지 않게 막아 줘.

알루미늄 포일을 물에 넣고 조심조심 끓이면 산화알루미늄을 만들 수 있어(어른과 함께 하는 게 안전하겠지). 포일을 삶다 보면 색깔이 어두워지다가 검은색이나 갈색으로 변할 거야. 이 코팅막이 산화알루미늄이지. 다 식었을 때 이것을 가위로 긁어내면 그 아래로 밝은 알루미늄이 모습을 드러낼 거야.

어디 있을까

- ☐ CD
- ☐ DVD
- ☐ 블루레이
- ☐ 컴퓨터
- ☐ 휴대폰
- ☐ 창틀
- ☐ 주방용 포일
- ☐ 캔
- ☐ 냄비
- ☐ 은색 페인트
- ☐ 거울
- ☐ 치약
- ☐ 선크림
- ☐ 자전거 프레임
- ☐ 알루미늄 야구방망이

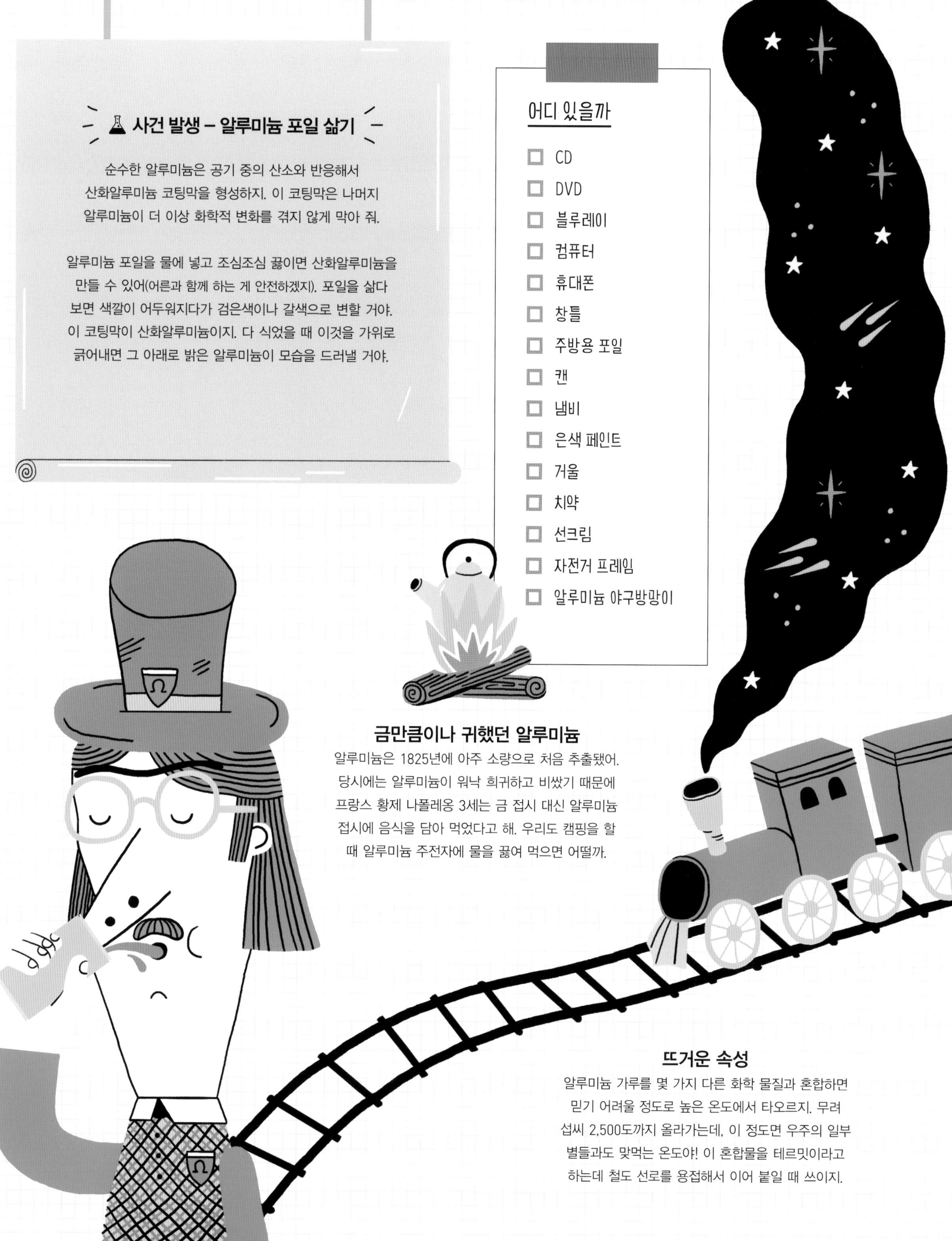

금만큼이나 귀했던 알루미늄

알루미늄은 1825년에 아주 소량으로 처음 추출됐어. 당시에는 알루미늄이 워낙 희귀하고 비쌌기 때문에 프랑스 황제 나폴레옹 3세는 금 접시 대신 알루미늄 접시에 음식을 담아 먹었다고 해. 우리도 캠핑을 할 때 알루미늄 주전자에 물을 끓여 먹으면 어떨까.

뜨거운 속성

알루미늄 가루를 몇 가지 다른 화학 물질과 혼합하면 믿기 어려울 정도로 높은 온도에서 타오르지. 무려 섭씨 2,500도까지 올라가는데, 이 정도면 우주의 일부 별들과도 맞먹는 온도야! 이 혼합물을 테르밋이라고 하는데 철도 선로를 용접해서 이어 붙일 때 쓰이지.

14 Si

규소 Silicon

👁 청회색의 결정형 비금속
⚠ 대부분의 형태에서 안전함 ☆ 컴퓨터 천재

지금과 같은 세상이 가능해진 것은 규소 덕분이야! 규소는 반도체(조건이 맞을 때만 전기가 통하는 물체) 형태로 컴퓨터, 휴대폰, 태블릿PC 같은 전자 장비에 들어 있어. 작은 규소 조각에 초소형 회로를 새겨 넣어 마이크로칩이라는 프로세서를 만들어 내지.

규소는 부드러운 고무 비슷한 물질도 형성할 수 있어. 그걸 실리콘이라 부르는데, 냄비를 긁지도 않고 음식물이 잘 달라붙지도 않는 조리 기구, 유연한 빵틀, 소프트 콘택트렌즈, 나눔 팔찌, 젖병과 노리개젖꼭지 같은 것을 만드는 데 사용되지.

유리를 만드는 데 사용되는 주재료는 모래야. 유리는 모래밭에 번개가 쳐서 모래를 녹일 때 자연적으로 만들어지기도 하지!

🔍 사건 발생 – 바닷가 모래밭과 규소

바닷가로 여행을 가면 어디서나 규소를 발견할 수 있을 거야. 규소는 산소와 결합해서 이산화규소(SiO_2)를 형성하는데 이게 바로 모래거든. 모래는 규소가 들어 있는 작은 광물질 알갱이인데 그런 광물질로는 석영과 장석이 가장 흔하지.

어디 있을까

- ☐ 서양쐐기풀
- ☐ 오이
- ☐ 모래
- ☐ 석영
- ☐ 보석
- ☐ 유약 바른 도자기
- ☐ 접시
- ☐ 자기(porcelain)
- ☐ 휴대폰
- ☐ 컴퓨터
- ☐ 태블릿PC
- ☐ 텔레비전
- ☐ 고양이 모래
- ☐ 취사도구
- ☐ 팔찌
- ☐ 육아 도구

인 Phosphorus

15 P

👁 색깔이 다양한 비금속
⚠ 독성 있음 ☆ 물속에서 불이 붙음

인은 초기 화학자들이 추출한 '13'번째 원소였기 때문에 미신을 믿는 사람들은 인을 '악마의 원소'라고 불렀지. 이 말이 사실임을 증명이라도 하듯 인은 빨간색과 하얀색의 두 가지 동소체로 존재해. 둘 다 독성이 대단히 높고 반응성이 강해서 공기 속에서뿐 아니라 심지어 물속에서도 불이 붙어!

인은 모든 생명체에게 없어서는 안 되는 성분이야. DNA의 일부를 구성하고 있고 세포에서 에너지를 낼 수 있게 도와주거든. 하지만 사람을 비롯한 동물들은 날마다 섭취하는 인을 거의 전부 배설하지!

🔍 성냥과 인

성냥 상자에서 인을 찾아볼 수 있어. 성냥 머리에 삼황화사인(P_4S_3)이 들어 있고, 성냥갑의 성냥을 긋는 부분에 더 많은 인과 함께 접착제, 그리고 작은 유리 가루가 들어 있지. 성냥을 그으면 이런 성분들이 마찰을 일으키고, 거기서 나온 열이 성냥 머리에 불을 붙이지.

어디 있을까

- ☐ 우리 몸
- ☐ 본차이나 도자기
- ☐ 식물성 음식
- ☐ 성냥
- ☐ 개
- ☐ 고양이
- ☐ 똥
- ☐ 오줌
- ☐ 콜라

(경고! 절대로 마시지 말 것!)

🧪 사건 발생 – 콜라에 빠진 동전

콜라의 성분 중에는 묽은 인산(H_3PO_4) 용액이 있어. 인산은 금속에서 녹을 제거할 때도 쓰는 성분이지. 지저분한 동전을 콜라가 들어 있는 컵에 며칠 담가 놓으면 인산의 악마 같은 힘을 확인할 수 있어. 더러워진 콜라 속에서 아주 반짝거리는 동전을 꺼낼 수 있을 거야.

황 Sulfur

16 S

◉ 노란색의 결정형 비금속
⚠ 생명체에 필수 ☆ 엄청난 냄새

황은 연금술사들도 알았던 오래된 원소 중 하나야. 그들은 황을 유황이라고 불렀지. 황은 온천과 화산에서 발견할 수 있어. 이런 점 때문에 사람들은 황이 땅속 지옥에서 끓어오르는 것이라 생각했지.

이 노란색 원소는 자체로는 냄새가 안 나지만 그 화합물 중에는 냄새가 나는 것이 많아. 썩은 달걀, 마늘, 익힌 양배추, 입 냄새, 방귀 등에 들어 있는 악취 나는 성분들이 그 예지. 그렇기는 하지만 황은 여러 가지 비타민과 단백질 등 생명체에 꼭 필요한 물질을 구성하는 성분이지.

어디 있을까

- ☐ 머리카락
- ☐ 동물의 털
- ☐ 깃털
- ☐ 입 냄새
- ☐ 방귀
- ☐ 달걀
- ☐ 양배추
- ☐ 아스파라거스
- ☐ 성냥

화장실 냄새를 숨겨라

황, 숯, 질산포타슘을 섞으면 폭죽에서 쉬익 소리를 내는 화약 성분이 만들어져. 불꽃놀이 뒤에 이산화황 냄새가 많이 나는 것도 그 때문이야. 성냥에도 황이 들어 있어서 입으로 불어서 끄면 지독한 냄새가 나지. 그래서 어떤 사람들은 화장실 냄새를 숨기려고 일부러 성냥을 켜기도 해!

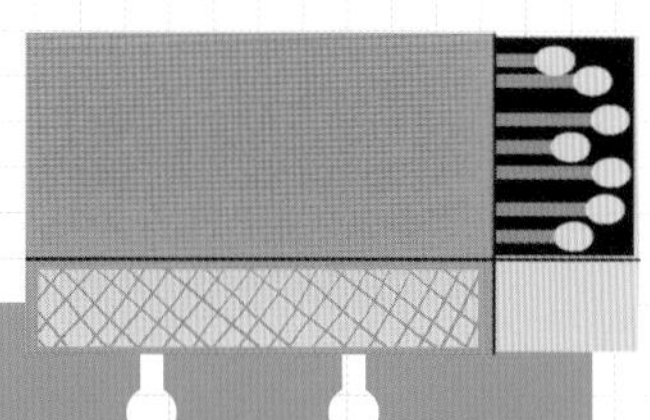

사건 발생 – 냄새나는 깃털

사람과 동물의 몸에 있는 수많은 단백질은 '아미노산'이라는 기본 구성 요소로 만들어졌는데, 아미노산 속에는 황이 들어 있어. 머리카락, 털, 깃털은 모두 단백질로 만들어진 거야. 깃털의 끝을 촛불에 한번 갖다 대 봐(어른과 함께 있는 게 좋겠지!). 그럼 황화합물이 방출되면서 헤어드라이어로 머리를 말리다 너무 뜨거워졌을 때 나는 그 끔찍한 냄새가 날 거야.

염소 Chlorine

17 Cl

◉ 초록색 기운이 도는 노란색 기체
⚠ 독성이 있고 숨을 막히게 함
☆ 균을 죽임

염소는 주기율표에서 플루오린 바로 아래 나오는데 플루오린만큼이나 고약한 원소야. 반응성이 아주 강해서 소금을 비롯한 화합물에서 주로 발견되지. 영어 이름은 'chlorine'인데, 염소 기체의 색인 '흐린 초록색'을 의미하는 그리스어에서 유래했어. 염소 기체는 들이마시면 굉장히 위험해. 그래서 1차 세계대전에서는 무기로 사용되기도 했지.

표백제에 들어 있는 염소 성분은 아주 묽게 희석해도 세균을 죽이는 효과가 있어. 수영장 물에 염소를 넣는 이유도 그 때문이지. 문제점이라면 염소가 피부와 머리카락에 들어 있는 단백질과 결합해서 수영장의 독특한 냄새를 만든다는 거야.

염소는 살균 능력이 워낙 탁월해서 우리가 마시는 물을 안전하게 소독하는 데도 쓰이고, 청소용 세제에도 들어 있지.

다재다능한 염소

폴리염화비닐(PVC)은 염소, 탄소, 수소 원자로 만들어지는 중합체야. 이 물질은 긴 분자 사슬을 갖고 있어서 배수관, 바닥재, 가구, 장난감 등 다양한 것에 쓰이는 플라스틱을 만들지. 고무 오리도 대부분 폴리염화비닐로 만들어!

어디 있을까

- ☐ 소금
- ☐ 표백제
- ☐ 청소용 세제
- ☐ 수돗물
- ☐ 배수관
- ☐ 비닐 바닥재
- ☐ 비닐 소파
- ☐ PVC 재킷
- ☐ 고무 오리

미스터리 원소 3

혁명 시대의 탐정들: 목이 날아간 화학자 사건

아이작 뉴턴(중력, 사과)*은 당대 최고의 과학자였어. 하지만 이 천하의 뉴턴도 연금술에 손을 댔지.

머리에 난 혹 때문이야…

*아이작 뉴턴, 1642~1727

역시나 과학계의 거물이었던 동료 로버트 보일*도 연금술을 시도했지. 하지만 그는 연금술에 의문을 품고 있었어.

의심 많은 화학자
나는 의심 많은 화학자요.
당신 말을 못 믿겠어.

*로버트 보일, 1627~1691

연금술사들과 달리 보일은 금을 만드는 일에 별 관심이 없었어.

어차피 이미 엄청 부자인데, 뭐 하러?

사실 보일의 아버지는 돈 많은 귀족이었지.

보일은 체계적으로 실험을 했어. 실험 내용을 기록하고 그 결과를 다른 과학자들과 공유했지. 그래서 그를 현대 화학의 아버지라고 불러.

화학의 임무는 물질의 성분과 구성을 연구하는 것!

보일은 발견된 원소들이 모양과 크기가 제각각인 입자를 갖고 있다고 생각했어.

어떤 큰 생각을 품고 계신가요?
작은 입자들 생각이요.

고대 그리스인들처럼 생각한 거지!

보일은 화학을 발전시켰어. 반면 연금술사들은 물체가 탈 때 불과 비슷한 원소인 '플로지스톤'이 방출된다는 둥 여전히 말도 안 되는 개념만 만들고 있었지.

일부 연금술사들은 닫힌 용기 속에 들어 있는 촛불이 꺼지는 이유는 그 주변 공기가 플로지스톤을 더 이상 흡수하지 못하기 때문이라고 했어.

유감스럽게도 플로지스톤이 가득 찬 것 같군.
두말하면 잔소리지!
두말은 안 한다네.

당시의 화학자들은 모든 기체가 서로 다른 종류의 공기라고 생각했어. '기체'라는 단어는 훨씬 뒤에 널리 사용되었지.

오늘은 공기.
내일은 기체!

영국의 화학자 조지프 프리스틀리는 1770년대에 '플로지스톤 제거 공기'라는 것을 추출해 냈어. 이 공기가 불이 잘 붙게 만든다고 해서 붙인 이름이지.

이 공기에는 플로지스톤이 없어요. 다른 공기보다 플로지스톤을 더 많이 흡수할 수 있다는 뜻이지요. 그래서 불이 저처럼 빛을 내며 밝게 잘 타지요.

하지만 어느 프랑스 화학자*는 플로지스톤을 못마땅하게 여겼지.

그게 아니야!

*앙투안 라부아지에, 1743~1794

라부아지에는 프리스틀리의 공기가 원소임을 확인하고서 '산소(O)'라는 이름을 붙여 줬어. 또 사람들이 '불붙는 공기'라 부르던 것에 '수소(H)'라는 이름도 지어 줬지. 다행스럽게도 수소와 산소가 만나면 물(H_2O)이 돼!

라부아지에는 플로지스톤과 고대 그리스의 엉터리 개념들이 틀렸음을 밝히고 55가지 물질에 화학 원소 이름을 붙여 줬지. 똑똑한 사람이었어. 안타깝게도 프랑스 혁명기에 단두대에서 처형당하고 말았지만.

결국 내 목이 날아가는군.

18 Ar 아르곤 Argon

👁 색깔도 냄새도 맛도 없는 기체
⚠ 보다 보면 지루해 죽을 지경 ☆ 엄청 게으름

헬륨과 네온처럼 아르곤도 비활성 기체야. 다른 물질과 아예 반응을 하지 않는 성질과 이름이 딱 맞지. 아르곤은 '게으르다'는 뜻이거든.

아르곤 원자는 우주에서 거대한 별 폭발로 만들어져. 하지만 지구 대기 속에 있는 아르곤 원자는 지각에서 방사성 동위원소인 포타슘-40이 붕괴할 때 주로 만들어졌어. 포타슘-40은 반감기가 12억 5천만 년이 넘어. 금방 사라지지 않는단 뜻이야!

어디 있을까

- ☐ 공기
- ☐ 전구
- ☐ 포장 식품
- ☐ 복층 유리

반감기가 뭐지?

반감기란 방사성 동위원소에 들어 있는 원자 중 절반이 붕괴하는 데 걸리는 시간이야. 반감기가 수백만 년인 방사성 물질은 아주아주 오랫동안 굉장히 위험한 상태로 있지. 핵발전소에서 나오는 방사성 폐기물이 골치 아픈 것도 그 때문이야(58–59쪽에서 자세히 설명할게).

🔍 식품 포장의 비밀

음식을 더 오래 신선하게 보관하기 위해서, 포장할 때 공기 대신 아르곤을 넣기도 해. 반응성이 거의 없기 때문이야. 유럽에서 캔에 E938이라고 적혀 있으면 아르곤이 들어 있다는 뜻이야.

19 K 포타슘(칼륨) Potassium

👁 부드러운 은색 금속
⚠ 반응성이 강해서 물 위에서도 불이 붙음
☆ 몸의 화학 물질 균형 유지

포타슘은 물, 공기와 엄청 빠르게 반응하기 때문에 자연에서는 화합물 형태로만 존재해. 포타슘은 우리에게도 없어선 안 되는 성분이지. 신경이 뇌로 신호를 보낼 수 있게 도와주거든.

예전에는 나무가 타고 남은 재를 솥에 넣고 물이 완전히 증발할 때까지 가열해서 포타슘염을 만들었어. 그것을 과학자들이 좋아하는 라틴어로 'kalium'이라고 해. 그래서 포타슘의 기호가 K가 된 거야.

화약에도 쓰이는 포타슘

질산포타슘(KNO_3)은 화약의 세 가지 성분 중 하나로 폭죽이나 비료의 재료가 되지. 소시지나 절인 고기 같은 보존 식품에도 들어 있고.

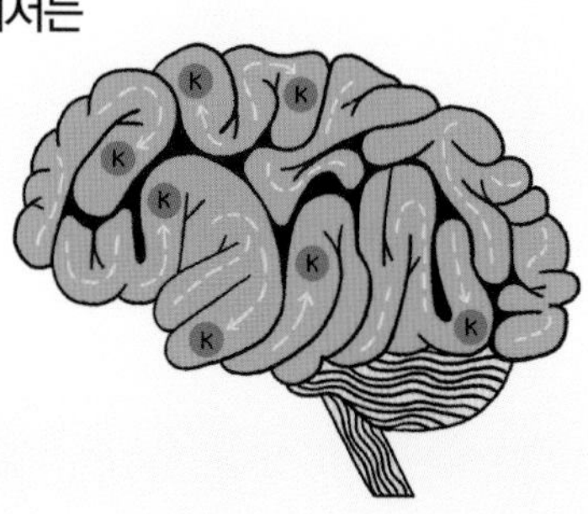

왜 운동선수들은 바나나를 먹을까?

포타슘 이온(전자가 빠져나간 포타슘 원자)은 우리 몸의 화학 물질이 균형을 이루고 혈압이 유지되는 데 도움을 줘. 땀을 많이 흘리면 포타슘 이온이 빠져나가기 때문에 운동선수들은 포타슘이 풍부한 음식으로 포타슘을 보충하는 거야. 그런 음식 중 하나가 바로 바나나이고, 우유, 감자, 아보카도, 아몬드, 피스타치오, 초콜릿에도 포타슘이 풍부하지.

어디 있을까

- ☐ 우리 몸
- ☐ 동물
- ☐ 피
- ☐ 땀
- ☐ 오줌
- ☐ 똥
- ☐ 식물
- ☐ 식물성 음식
- ☐ 바나나
- ☐ 초콜릿
- ☐ 우유
- ☐ 감자
- ☐ 아보카도
- ☐ 음식 첨가물
- ☐ 폭죽

칼슘 Calcium

20 Ca

👁 부드러운 은색 금속
⚠ 반응성 있음 ☆ 뼈의 중요한 성분

칼슘은 자연에서 대리석, 백악, 석회석 같은 암석과 광물 속에 화합물 형태로 있어. 이런 것들은 건물이나 다리의 재료가 되지.

인산칼슘은 이빨과 뼈의 성분이야. 그래서 한창 자라는 아이들에게 많이 필요해. 칼슘이 많이 들어 있는 음식으로는 우유, 요구르트, 치즈, 브로콜리, 케일, 해초류, 정어리 등이 있어.

어디 있을까

- ☐ 뼈와 이빨
- ☐ 달걀
- ☐ 우유로 만든 음식
- ☐ 잎채소
- ☐ 벽
- ☐ 수돗물
- ☐ 석회자국
- ☐ 치약
- ☐ 화장품
- ☐ 석고 모형
- ☐ 욕조에 낀 물때

부엌에 대리석 조리대가 설치되어 있다면 그 성분은 대부분 탄산칼슘($CaCO_3$)이야. 달팽이가 자기 집을 만들 때 쓰는 것과 똑같은 성분이지.

⚗ 사건 발생 – 달걀 껍질이 사라지다

달걀 껍질은 거의 전체가 탄산칼슘으로 되어 있어. 깨끗한 달걀 껍질을 식초가 담긴 유리컵에 넣어 봐. 그럼 작은 거품(이산화탄소)이 생겨날 거야. 이 과정에서 껍질이 녹으면서 액체 화합물이 만들어지지. 달걀을 하루 정도 식초 속에 계속 두면 껍질이 완전히 사라질 거야.

🔍 석회자국

센물에는 칼슘이 많이 녹아 있어. 이 물을 가열하면 칼슘이 하얀 분필 같은 석회자국을 형성하지. 그러니까 칼슘을 추적하고 싶으면 식은 전기 주전자 안쪽을 살펴봐. 센물에 들어 있는 칼슘은 비누에 들어 있는 화학 물질하고 반응해서 칼슘스테아레이트라는 성분이 되기도 해. 이것이 욕조에 물때를 만드는 주범이야.

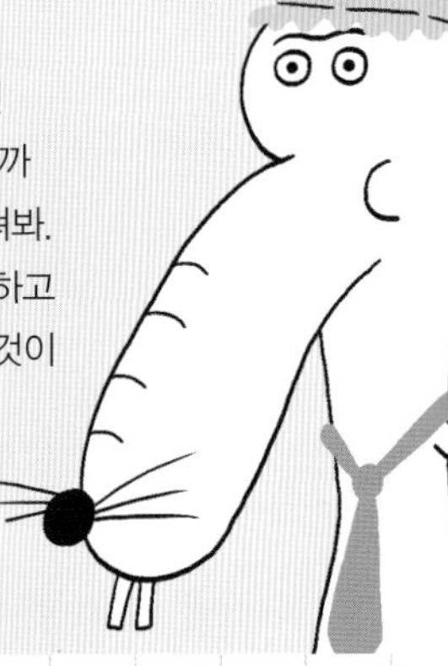

스칸듐 Scandium

21 Sc

👁 부드러운 은색 금속
⚠ 들이마시지 말 것 ☆ 폭발성 합금

스칸듐은 1879년에 이 원소가 처음 발견된 곳인 '스칸디나비아'에서 이름을 따왔어. 하지만 주기율표의 창시자인 드미트리 멘델레예프는 그보다 10년 앞서서 이미 이 원소의 존재를 예언했지.

어디 있을까

- ☐ 야구방망이
- ☐ 골프채
- ☐ 낚싯대

스칸듐은 아주 희귀한 원소야. 그래서 무척 비싸지. 스칸듐과 알루미늄의 합금은 전투기나 운동기구를 만들 때 사용되기도 해.

22 Ti 타이타늄 Titanium

👁 단단한 은색 금속
⚠ 몸속에 심어도 안전 ☆ 생체공학 부품

화산에서 나오는 광물질 중 상당수에는 타이타늄이 들어 있지. 달에서 가져온 일부 바위에도 들어 있었고. 타이타늄은 놀라운 합금을 만들어 내. 산화타이타늄(TiO_2)은 밝은 하얀색 화합물인데 여러 가지 가정용 제품에 사용되고 있지.

어디 있을까

- ☐ 흰색 물감
- ☐ 치약
- ☐ 노트북 케이스
- ☐ 안경테
- ☐ 보석
- ☐ 인공 엉덩이관절, 인공 무릎, 인공 이빨

엉덩이 관절 수술

타이타늄과 알루미늄의 합금은 인공 무릎관절과 인공 엉덩이관절을 만드는 데 사용돼. 타이타늄은 치과에서도 사용되고 있어. 타이타늄으로 인공 이빨을 만들어서 심으면 나중에 턱뼈와 단단하게 달라붙어. 우리 몸의 일부가 금속이 되는 거지. 타이타늄을 추적하고 싶으면 할아버지한테 한번 물어 봐!

23 V 바나듐 Vanadium

👁 단단한 은회색 금속
⚠ 일부 독성 화합물 ☆ 굉장히 튼튼함

원소 형태의 바나듐을 자연에서 찾아보기는 힘들어. 하지만 바나듐 화합물은 황산 제조를 비롯한 산업에서 중요하게 쓰이지. 그리고 강철과 바나듐의 합금은 렌치나 스패너 같이 아주 튼튼한 공구를 만들 때 사용돼. 바나듐의 단서는 공구함에서 찾아봐! 참고로 바나듐이라는 이름은 미의 여신 '바나디스'에서 따왔다고 해.

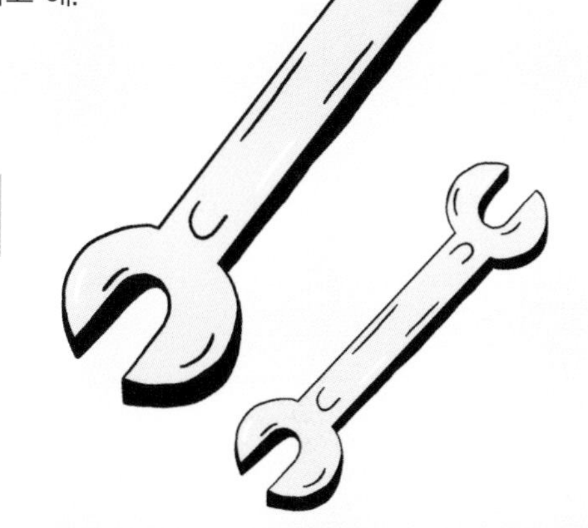

어디 있을까

- ☐ 튼튼한 공구들

24 Cr 크로뮴(크롬) Chromium

👁 단단한 은회색 금속
⚠ 일부 독성 화합물 ☆ 화려한 색깔

땅 위에서도 일부 천연 크로뮴이 발견되기는 하지만 이 원소는 대부분 광물 형태로 캐내. 크로뮴이라는 이름은 '색깔'이란 뜻이야. 이름에 어울리게 크로뮴 화합물은 빨간색에서 보라색까지 무지갯빛 색깔을 만들어 낼 수 있지. 루비의 빨간색과 에메랄드의 초록색도 그 속에 아주 조금 들어가 있는 크로뮴 때문에 나오는 색깔이야.

어디 있을까

- ☐ 크로뮴 도금된 반짝이는 부품들
- ☐ 냄비, 팬, 싱크대
- ☐ 루비

합금의 비밀

크로뮴과 강철로 합금을 만들면 스테인리스강이 나오지. 이 합금은 강도가 좋을 뿐만 아니라 녹이 슬지도 않아. 한때는 반짝거리는 자동차 범퍼를 만들 때 널리 사용되기도 했지.

25 Mn 망가니즈(망간) Manganese

👁 은회색 금속
⚠ 양이 너무 많아지면 독성을 띰
☆ 강한 합금

망가니즈는 마그네슘처럼 한때 이 원소를 캐던 고대 그리스의 지명에서 이름을 따왔어.

합금의 비밀

오늘날 생산되는 망가니즈는 대부분 합금에 들어가. 일부 스테인리스강이나 음료수 캔을 만드는 알루미늄 합금에서 망가니즈를 찾아볼 수 있지. 알루미늄에 구리, 철 같은 금속과 함께 망가니즈를 첨가하면 음료수 캔 벽을 아주 얇고도 강하게 만들 수 있어.

어디 있을까

- ☐ 알루미늄 음료수 캔
- ☐ 아연-탄소 전지
- ☐ 호두

미스터리 원소 4

날씨 탐정: 화학기호 사건

장래에 위대한 화학자가 될 운명이었던 존 돌턴은 1766년에 영국의 가난한 가정에서 태어나 어린 나이에도 일을 해야만 했지. 그리고 열두 살에 선생님이 됐어!

걱정 마라, 돌턴. 곧 옷이 맞게 될 거야.

몇 년이 지나 열여섯 살이 되었을 때 돌턴은 자신의 학교를 운영하게 됐어.

어른이 되어서는 과학을 가르쳤어. 그리고 평생 매일같이 강박적으로 날씨를 기록했지.

목요일: ~~맑음~~ 비

그는 아름답고 습한 영국의 레이크 디스트릭트에 살았어.

대기를 연구하던 돌턴은 아주 중요한 아이디어를 떠올리지.

공기는 아주 작은 입자로 된 여러 가지 기체들이 뒤섞인 거야. 아주 많은 비와 함께… 젠장!
비
비
비

기체 입자는 여기저기 움직이면서 압력을 가하지.

마른 휴지를 유리컵 바닥에 다져 넣은 다음 뒤집어서 물속에 담그면 돌턴의 이론을 검증해 볼 수 있어.

기체가 물을 밀어내기 때문에 휴지는 젖지 않아!

돌턴은 기체가 작은 입자로 이루어졌듯 다른 모든 물질도 그럴 거라고 주장했지.

이 놀랍고 새로운 아이디어를 어디서 얻은 건가?
고대 그리스인들이요.

사실이야! 〈미스터리 원소 1〉을 다시 읽어 봐.

1803년에 돌턴은 그보다 발전된 원자론을 제시했지.

1. 원소는 원자를 갖는다. 원자는 아주 작다!
2. 같은 원소의 원자들은 모두 같다.
3. 원자는 새로 만들 수도, 파괴할 수도 없다.
4. 원자들은 정해진 방식으로 결합해서 화합물을 만든다.
5. 원자야말로 화학반응의 핵심이다.
6. 분필은 비에 젖으면 망가진다.
황산칼슘

이 주장은 대부분 지금까지도 유효해. 특히나 마지막 주장!

또 돌턴은 원소들을 수소와 비교해 보고 원소들마다 원자량이 다르다고 주장했지.

나한테는 수소가 넘버원이야!
H

그리고 그는 모든 원소를 작은 원형 기호로 표기했어.

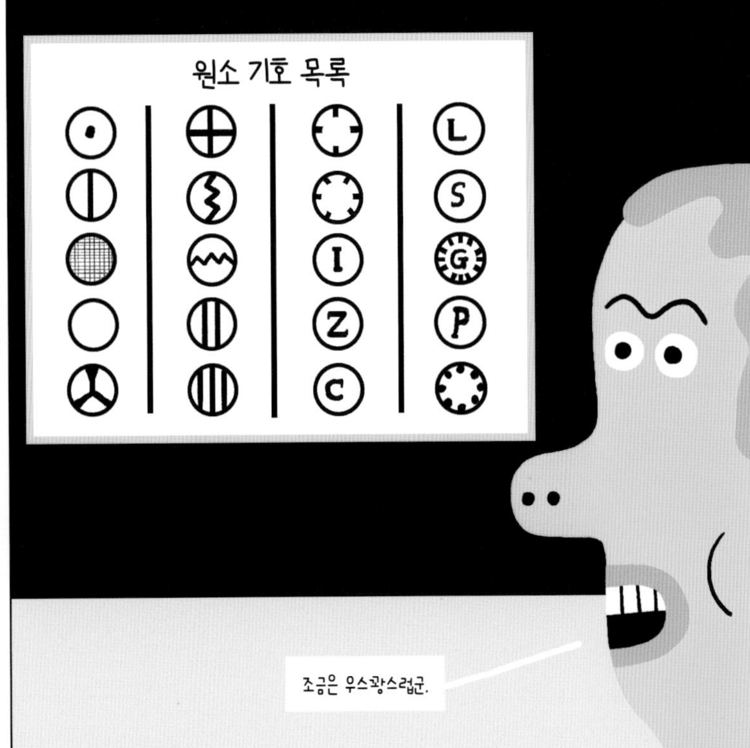

원소 기호 목록

조금은 우스꽝스럽군.

다행히도 베르셀리우스라는 어느 스웨덴 화학자가 더 좋은 아이디어를 내놓았어.

이게 더 간단해!

돌턴은 색맹이라 세상을 이 만화의 색깔처럼 노란색, 파란색, 보라색으로만 볼 수 있었는데도 이 모든 업적을 이루었어!

날씨와 달리 그건 별 문제가 아니지.

그의 업적을 기려 달의 분화구 하나를 '돌턴'이라 불러.

철 Iron

👁 은회색 금속
⚠ 안전함 ☆ 자성을 띰

철은 별 속에서 일어나는 핵융합 과정의 피날레야. 별은 철을 만든 다음 붕괴하고 폭발하면서 안에 담겨 있던 원소들을 우주로 날려 보내지. 철은 우주에서 가장 풍부한 금속이야. 지구의 내핵과 외핵은 녹은 철과 니켈이 주성분인 거대한 구체야. 지각에도 철 성분은 풍부하게 들어 있지.

지난 45억 년 동안 우주는 계속해서 지구에 철을 보내고 있어. 지구에 떨어지는 운석 20개 중 1개 정도는 커다란 철과 니켈 덩어리야. 아주 옛날 사람들은 철을 신이 내린 선물이라고 귀하게 여겼지.

왜 철을 강철로 만드는 걸까?

그거야 기본이지! 강철은 철보다 더 강하고 녹도 잘 안 슬거든. 철에 탄소와 다른 원소들을 조금 섞으면 여러 가지 강철이 만들어져. 그 가운데 크로뮴과 망가니즈를 조금 섞은 스테인리스강은 아예 녹이 슬지 않아. 그래서 건물, 다리, 자동차, 포크와 식칼, 냄비 같은 것에 스테인리스강을 쓰지.

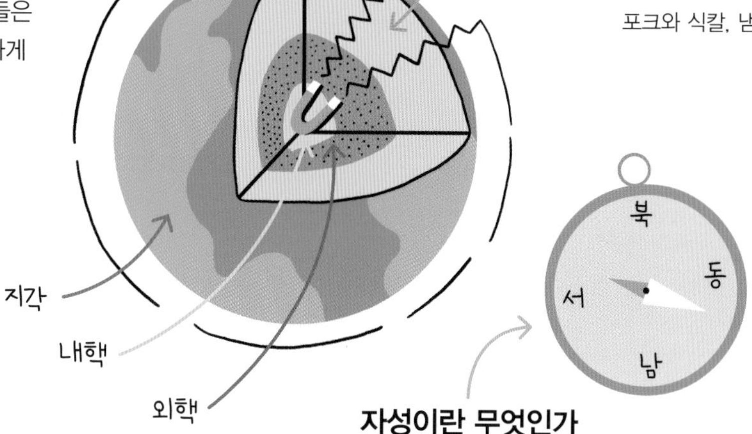

피와 철

철은 헤모글로빈의 필수 성분이야. 헤모글로빈은 우리 몸 구석구석으로 산소를 실어 나르는 적혈구(피를 빨갛게 하는 바로 그것!) 속에 들어 있는 분자야. 붉은 살코기, 생선, 시금치 같은 잎채소, 다크 초콜릿 등에 철분이 많이 들어 있어.

자성이란 무엇인가

철, 철 화합물, 대부분의 철 합금은 자석의 성질, 즉 자성을 띠지. 자성은 몇몇 물질에만 있는 성질인데 원자 안에서 전자들이 배열되는 방식 때문에 생겨. 철이 주성분인 지구의 핵은 거대한 자석이어서 눈에 안 보이는 자기장을 만들어 내. 나침반으로 이 자기장을 확인할 수 있지.

철은 물이 무섭다!

녹을 화학자들은 수화 산화철(Fe_2O_3)이라고 불러. 강해 보이는 은색의 철도 물 분자와 만나면 화학적으로 반응해서 얇게 잘 벗겨지는 약한 붉은색 녹이 되지. 철이 공기나 물과 만나지 않도록 페인트칠이나 도금(36쪽 참고)을 하거나 다른 원소를 섞어서 합금을 만드는 건 이 때문이야.

어디 있을까

- ☐ 우리 몸
- ☐ 피
- ☐ 살코기
- ☐ 잎채소
- ☐ 다크 초콜릿
- ☐ 아침 식사용 시리얼
- ☐ 녹
- ☐ 냉장고
- ☐ 식칼과 포크
- ☐ 냄비
- ☐ 클립

⚗ 사건 발생 – 녹슨 쇠수세미

철은 얼마나 빨리 녹이 슬까? 실험을 한번 해볼까. 작은 쇠수세미를 그릇에 담고 거기에 끓는 물을 조심스럽게 부은 다음(위험하니까 꼭 어른과 함께!) 식을 때까지 그대로 둬 봐. 청소나 설거지를 할 때 쓰는 쇠수세미는 탄소 함량이 낮은 철 섬유가 양털 모양으로 얽혀 있는 건데, 몇 시간이 지나면 그 위에 주황색 녹 입자들이 생긴 게 보일 거야.

코발트 Cobalt

27 Co

👁 단단한 은회색 금속
⚠ 필수 성분 ☆ 생명 유지에 필요한 비타민

코발트라는 이름은 도깨비를 뜻하는 독일어 '코볼트(kobold)'에서 유래했어. 코발트가 들어 있는 화합물 중 일부가 이 신화 속의 장난꾸러기 난쟁이가 산다는 광산에서 발견됐거든.

어디 있을까

- ☐ 고기, 생선, 유제품
- ☐ 리튬-이온 배터리
- ☐ 파란색 도자기와 유리 제품
- ☐ 코발트블루 색 물감

코발트는 비타민 B12의 핵심 성분이야. 우리 몸에서는 비타민 B12를 만들지 못해. 그래서 우리는 살코기, 생선, 유제품 등을 통해 이 비타민을 섭취하지. 채식만 하는 사람들한테는 이 성분이 모자랄 수도 있어서 비타민 B12 보충제를 섭취하도록 권장해. '비타민 B12가 모자라면 어쩌지…' 하고 너무 걱정하지는 마. 김, 된장, 김치에도 비타민 B12가 들어 있으니까.

환상적인 파랑

코발트는 유리를 깊은 푸른색으로 만들고, 도자기에 유약으로 바르면 환상적인 빛깔이 나게 하지. 그래서 코발트가 함유된 광물은 수천 년 동안 공예에 사용돼 왔어. 코발트블루 색 물감에는 알루미산 코발트가 들어 있는데, 네덜란드 화가 빈센트 반 고흐가 그 색을 정말 좋아했다고 해.

니켈 Nickel

28 Ni

👁 단단한 은회색 금속
⚠ 발진을 일으킬 수 있음 ☆ 강력한 자성

니켈은 변덕스러워 보여. 지구의 지각에서는 거의 찾아볼 수 없지만 핵에는 많은 양의 니켈과 철이 녹아서 섞여 있지. 철과 마찬가지로 니켈도 자성을 띠고 있어서, 철이나 다른 금속과 섞어 아주 강한 자석을 만들기도 해.

배터리 주의!

니켈 화합물은 충전용 배터리에도 사용되지. 니켈을 카드뮴과 결합해서 니켈-카드뮴(Ni-Cd) 배터리를 만드는데, 이 배터리는 폐기했을 때 독성의 카드뮴이 새어 나올 수 있어. 이것을 개선해서 니켈-수소(Ni-MH) 배터리를 만들었는데, 그래도 다 쓴 배터리는 항상 알맞은 재활용 쓰레기통에 버려야 해.

니켈은 식물의 필수 성분으로 보여. 그리고 동물에서도 그런 것 같아. 하지만 아주 조금만 필요해. 양이 많아지면 오히려 독이 될 수도 있거든. 니켈은 귀걸이에도 사용되지만, 귀를 뚫고 귀걸이를 했다가 알레르기 반응으로 고생하는 사람도 있지.

🔍 동전 속 니켈

주머니 속을 뒤져 봐. 니켈을 찾을 수 있을지도 몰라. 500원, 100원짜리 동전은 구리와 니켈을 75:25 비율로 섞은 합금으로 되어 있고, 50원짜리 동전은 구리와 아연과 니켈을 70:18:12 비율로 섞은 합금으로 되어 있거든. 미국에서는 5센트짜리 은색 동전을 '니켈'이라고도 불러. 그런데 그 동전의 니켈 함량은 25퍼센트밖에 안 되지. 나머지는 구리이고.

어디 있을까

- ☐ 동전
- ☐ Ni-MH 배터리
- ☐ 알니코 자석
- ☐ 보석

구리 Copper

29 Cu

👁 불그스름한 부드러운 금속
⚠ 안전함 ☆ 뛰어난 전도체

인류가 구리에 대해 안 지는 1만 년이 넘어. '청동기 시대'라고 들어 봤지? 청동은 구리와 주석의 합금인데, 문명을 좌우할 만큼 중요한 재료였어. 구리는 오늘날에 와서 훨씬 더 중요해졌어. 최첨단 장치에서 전류를 실어 나르고, 전 세계를 인터넷으로 연결하고, 부엌으로 물을 보내 주는 수도관도 만들어 내니까.

사건 발생 – 차가운 촛불

화학자들은 물질을 검사할 때 불꽃에 집어넣어 보기도 해. 구리가 들어 있는 화합물은 불꽃 속에서 청록색 빛을 만들어 내지. 이 성분은 폭죽에 쓰이기도 해.

15센티미터 정도 되는 순수한 구리선의 피복을 벗긴 다음 작은 원뿔 모양으로 감아서 촛불 위에 들고 있으면 불꽃의 크기가 줄어들 거야. 열을 잘 전도하는 구리가 불꽃의 열기를 빼앗아 식혀 버리기 때문이지. 구리선을 치우면 불꽃이 되살아날 거야.

경고! 꼭 어른한테 도움을 구하고 불꽃은 절대 건드리지 마!

어디 있을까

- ☐ 간
- ☐ 바닷가재
- ☐ 굴
- ☐ 케일
- ☐ 건포도
- ☐ 자두
- ☐ 수도관
- ☐ 청동
- ☐ 황동
- ☐ 트럼펫
- ☐ 트롬본
- ☐ 심벌즈
- ☐ 종
- ☐ 모든 전기 제품
- ☐ 모든 전자 제품
- ☐ 냄비
- ☐ 동전
- ☐ 지퍼
- ☐ 자유의 여신상

소리에서 찾은 단서

구리를 추적할 단서를 찾고 싶다면 귀를 기울여 봐. 구리와 아연의 합금인 황동으로 만든 트럼펫, 트롬본, 튜바 등은 오케스트라에서 한자리를 차지하고 있거든. 그리고 구리와 주석의 합금인 청동은 종, 심벌즈 같은 악기에 사용돼. 청동은 그릇을 만드는 데도 쓰이니까 밥을 먹을 때도 귀를 쫑긋 세워 봐!

파란색 피

달팽이, 게, 바닷가재에게서는 인간의 피에서 철이 하는 역할을 구리가 맡고 있어. 그래서 피가 푸른색이야. 구리는 산소와 만나면 푸른색을 띠거든. 바닷가재, 케일, 아보카도, 건포도, 자두 등에 구리 성분이 많이 들어 있어.

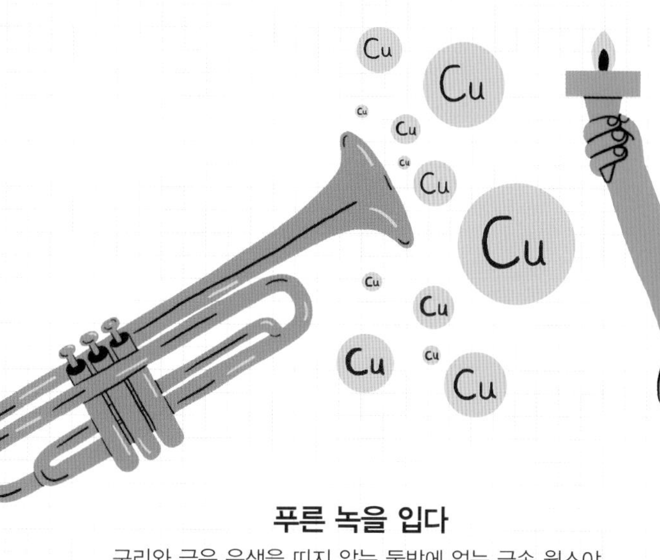

푸른 녹을 입다

구리와 금은 은색을 띠지 않는 둘밖에 없는 금속 원소야. 구리는 공기 속 이산화황이나 황화수소에 노출되면 초록색 화합물을 만들어 내지. 그래서 구리로 된 지붕을 얹은 오래된 건물은 지붕이 초록색으로 바뀌어 있어. 미국의 자유의 여신상이 뱃멀미하듯 얼굴이 초록색으로 뜬 것도 그 때문이야. 원래는 칙칙한 갈색이었대.

아연 Zinc

30 Zn

👁 부드러운 청회색 금속
⚠ 필수 성분 ☆ 강력한 보호자

아연을 함유한 광물질의 종류는 엄청 다양해. 그리고 아연 채굴은 아주 오래 전부터 이어져 내려온 중요한 사업이야. 옛날 사람들이 아연을 구리와 함께 섞어서 황동을 만들었는데, 황동은 지금도 사용되고 있지.

아연은 세포 속에서 여러 가지 중요한 과정을 돕고 있어. 흙에 아연 성분이 없으면 식물이 잘 자라지 못해. 아연은 우리의 뇌 기능, 생식, 그리고 우리 몸의 청사진인 DNA 만드는 일을 돕지. 어떤 사람은 아연이 감기와 싸우는 데도 도움을 준다고 믿어.

어디 있을까

- ☐ 고기
- ☐ 생선
- ☐ 굴
- ☐ 밀
- ☐ 시금치
- ☐ 해바라기 씨
- ☐ 땅콩
- ☐ 파르메산 치즈
- ☐ 아연 도금 제품
- ☐ 모든 황동
- ☐ 선크림
- ☐ 기저귀 크림
- ☐ 비듬 완화 샴푸

아연과 피부

산화아연(ZnO)은 흔히 볼 수 있는 아연 화합물이야. 우리 피부에 쓸모가 많은데, 선크림의 원료로서 자외선을 반사해 피부가 타지 않게 막아 주지. 아기 엉덩이 주변의 민감한 피부를 달래 주기도 해서 기저귀 크림의 주요 성분으로 쓰이고 있어.

경고! 다른 전선이나 전기 장치에 혀를 갖다 대면 안 돼! 절대로!!!

사건 발생 – 레몬으로 전기를 만들다

아연으로 도금이 된 못 3개, 구리선 3개, 레몬 3개로 직접 배터리를 만들어 볼까. 못을 레몬에 하나씩 꽂아. 그다음에 레몬마다 구리선 한 쪽을 못 옆에 꽂는데 구리선이 못과 직접 닿지 않도록 주의해. 이렇게 아연/구리/레몬으로 세 개의 배터리를 만들었어. 이것들을 오른쪽 그림처럼 연결해 봐. 이런 연결 방식을 '직렬연결'이라고 하는데, 직렬연결을 해서 만든 배터리 묶음의 전압은 각 배터리의 전압을 모두 합친 것이 되지.

아연과 철이 레몬의 산과 반응하면 작은 전류를 만들어 내. 혀를 못과 구리선의 끝 부분에 갖다 대 볼까. 혀에서 찌릿찌릿한 느낌이 들 거야. 회로가 이어져서 전기가 흐르기 때문이지.

녹스는 걸 막아라!

전 세계에서 사용되는 아연의 절반은 철과 강철이 녹슬지 않게 도금하는 용도로 쓰이고 있어. 철과 강철을 얇은 아연 막으로 코팅하는 거지. 아연은 물, 공기와 화학반응을 해서 비를 막아 주는 보호막으로 작용하는 화합물을 만들어 내거든.

가로등 기둥, 사다리, 못, 쓰레기통, 손수레, 양철 지붕 같은 데서 아연 도금의 흔적을 찾아낼 수 있어. 칙칙한 회색 표면을 잘 살피라구!

미스터리 원소 5

탐정 데이비: 전기분해가 된 원소 사건

영국의 시골 지역인 콘월의 한 화학자가 새로운 원소를 추출하기 위해 많은 애를 썼지.

나는 콘월에서 나고 자랐어!

험프리 데이비 경. 1778년 영국 콘월 출생.

데이비는 볼타전지*라는 새로운 과학 도구에서 나오는 전기 에너지를 이용했어.

나는 볼타전지를 엄청 많이 갖고 있거든!

*이탈리아의 발명가 알레산드로 볼타(1745~1827)의 이름을 따서 지은 이름.

볼타전지는 아연 원반과 구리 원반을 교대로 쌓고 사이사이에 소금물에 적신 천을 끼워 만든 단순한 형태의 배터리야.

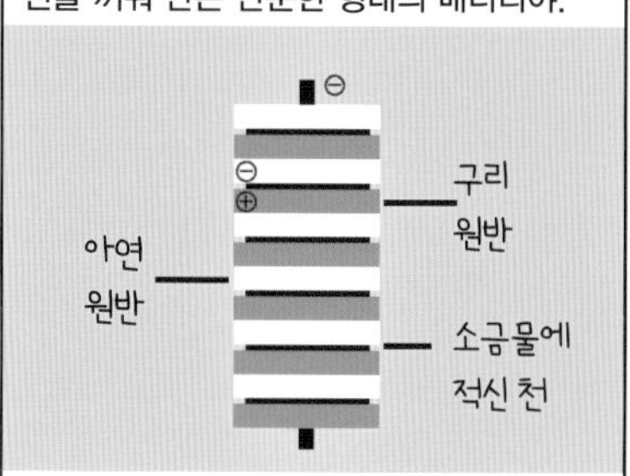

볼타전지는 레몬 배터리처럼 작동했어(36쪽 참고).

1807년에 데이비는 여러 묶음의 볼타전지를 이용해서 부식성이 강하고 엄청나게 뜨거운 녹은 포타슘염에 전류를 통과시키지. 눈을 보호하는 보안경도 얼굴 가리개도 없이 말이야.

아주 위험한 실험이라니까.

화학자들은 이 과정을 '~~미친 짓~~' 아니, '전기분해'라고 부르지.

그 결과 작은 회색 덩어리들이 만들어졌어. 데이비가 반응성이 엄청 강한 금속의 표본을 처음으로 추출해 낸 것이지.

이것은 포타슘이야!
만세!

그는 또 다시 전기분해를 할 수 있을까?

며칠 후에 데이비는 부식성이 강한 액체 소다를 전기분해 해 봤어. 그리고 이번에는…

이것은 소듐이라네!
다시 만세!

그리고 더 많은 일이 일어났지.

얼마 지나지 않아…

이것은 붕소야!
또 다시 만세!

그는 멈추지 않았어.

1808년에는…

이것은 마그네슘이야!

어, 아주 잘했어.

그리고…

그다음에는…

이것은 칼슘이야!
(하품을 하며) 그렇군.

또 있을까?

물론이지. 계속 1808년에…

스트론튬과 바륨이야!
Z Z Z

마침내 끝이 보였지.

몇 년 후에는…

염소와 아이오딘도 추출했어!

데이비는 정말 뛰어난 화학자였어. 수많은 발견의 공로로 기사 작위도 받았지.

그가 발견했어야 하는 원소가 있었는데 안타깝게도 그러지는 못했지.

슬프게도 아르곤은 내가 발견하지 못했어!*

*데이비는 1829년에 사망했고 아르곤은 1894년에 발견되었어.
(콘월 지방 사투리에 '아르(arr)'라는 발음이 들어간다는 사실을 바탕으로 꾸며 낸 이야기)

31 Ga

갈륨 Gallium

◉ 부드러운 은청색 금속
⚠ 무독성 ☆ 레이저 파워

1871년에 드미트리 멘델레예프는 갈륨과 저마늄이 발견되기도 전에 그 존재를 예언했어. 그리고 그로부터 4년 후 프랑스 화학자 르코크 드 부아보드랑은 새로운 원소를 발견했고, 프랑스 지역을 가리키는 라틴어 '갈리아'에서 이름을 따서 그 원소를 갈륨이라고 불렀지. 순수한 갈륨은 1878년에 추출했어.

어디 있을까

- ☐ 안전한 체온계
- ☐ 마이크로칩
- ☐ 블루레이 디스크 플레이어

갈륨 장치

LED 전구나 레이저에서 질화갈륨(GaN)을 추적할 수 있어. 질화갈륨 레이저는 블루레이(파란 광선이란 뜻) 디스크를 읽는 데 사용되는데, 사실 파란색이 아니라 보라색이야. 이 레이저는 디스크 표면에 난 작은 홈을 읽어 내.

32 Ge

저마늄(게르마늄) Germanium

◉ 반짝이는 은색 준금속
⚠ 낮은 농도에서는 안전 ☆ 엄청 빠름

저마늄과 갈륨은 공통점이 많아. 둘 다 드미트리 멘델레예프가 예언한 원소이고, 최초로 발견한 화학자의 나라 이름을 따서 이름 지어졌지(독일의 화학자 클레멘스 빙클러가 1886년에 저마늄을 처음 발견했고, 독일 지역은 라틴어로 게르마니아야). 두 원소 모두 트랜지스터와 마이크로칩에 사용돼. 실제로 작동하는 최초의 트랜지스터는 1947년에 저마늄 결정으로 만들어졌어.

어디 있을까

- ☐ 트랜지스터
- ☐ 최첨단 장치
- ☐ 광케이블

저마늄을 찾아라!

저마늄은 인터넷 연결에 사용되는 광케이블을 구성하는 성분이야. 광케이블에는 이산화규소가 함유된 코어가 있는데 여기에 산화저마늄 화합물이 첨가되어 있지. 집에서 광인터넷을 사용한다면 웹서핑을 하면서 저마늄을 감지할 수 있어!

33 As

비소 Arsenic

◉ 회색이나 노란색 혹은 검정색 준금속
⚠ 치명적 ☆ 강력한 독

비소는 수천 년 동안 사람을 독살하는 데 사용된 고대의 원소야! 여러 가지 비소 화합물이 사람에게 치명적이지. 일부는 지각에 존재해. 그래서 어떤 지역에서는 수백만 명이 비소가 함유된 광물질에 오염된 물의 영향을 받고 있지. 바다와 공기 중에도 비소가 들어 있는데, 화산에서 뿜어 나온 연기 때문인 경우가 많아.

치명적인 비소

비소는 담배 연기에 들어 있는 수많은 독소 중 하나야. 담배 이파리가 자랄 때 흙에서 비소를 빨아들이거든. 한때는 비소 화합물이 의약품으로 처방되기도 했고 미생물에서 쥐에 이르기까지 온갖 것을 죽이는 데도 사용됐지만, 지금은 세계 대부분에서 사용이 금지됐어. 비소는 살인 이야기에도 자주 등장하던 독이야! 화학자의 오래된 병에서 그 이름을 추적할 수 있을지도 몰라.

비소는 쥐약으로도 사용됐어!

어디 있을까

- ☐ 담배
- ☐ 독
- ☐ 마이크로칩

34 Se

셀레늄 Selenium

◉ 은색 준금속
⚠ 양이 너무 많으면 독성
☆ 브라질너트에 많이 들었음

셀레늄은 지각에서는 찾아보기 아주 힘든 원소야. 거의 금만큼이나 귀하지. 너무 많아지면 독성을 띠지만, 어떤 과학자들은 셀레늄을 조금씩은 섭취해야 건강을 유지할 수 있다고 생각해. 셀레늄 성분이 풍부한 음식으로는 참치, 정어리, 달걀, 시금치, 브라질너트 등이 있어.

어디 있을까

- ☐ 브라질너트
- ☐ 참치
- ☐ 정어리
- ☐ 시금치
- ☐ 닭고기
- ☐ 풀을 먹여 키운
- ☐ 달걀
- ☐ 비듬 완화 샴푸 (어떤 샴푸에는 곰팡이 균을 죽이 황화셀레늄 성분 들어 있어)

사건 발생 – 브라질너트 화재

브라질너트는 셀레늄 성분만 풍부한 것이 아니라 천연 기름도 풍부해. 어찌나 많은지 브라질너트를 횃불 재료로 쓸 수 있을 정도야. 브라질너트 한 알을 접시에 올려놓고 불을 붙인 성냥을 한쪽 끝에 대 봐(꼭 어른과 함께!). 브라질너트에 들어 있는 기름에 불이 붙어서 밝은 빛을 낼 거야. 아주 오랫동안 타오를 테니까 실험을 마치고서는 꼭 바람을 불어서 불을 꺼야 해. 뜨거운 브라질너트는 절대 만지지 말고.

브로민 Bromine

35 Br

👁 냄새 고약한 갈색 액체
⚠ 독성, 가연성 ☆ 지독한 냄새

실온에서 액체 상태로 존재하는 원소는 딱 두 가지인데 브로민이 그중 하나야. 브로민은 바닷물에 들어 있지만 친척 원소인 염소에 비하면 양은 많지 않아. 때로는 고약한 세균의 증식을 막기 위해 브로민을 수영장이나 욕조의 물에 조금 풀기도 해.

어디 있을까

- ☐ 욕조와 수영장
- ☐ 텔레비전
- ☐ 컴퓨터
- ☐ 내연제(불길 확산을 늦추는 물질)

크립톤 Krypton

36 Kr

👁 색깔도 냄새도 없는 기체
⚠ 독성 없음 ☆ 에너지 효율 좋음

크립톤이라고 하니 슈퍼맨의 고향 행성인 크립톤 행성이 생각날지도 모르겠는데, 슈퍼맨의 막강한 힘을 무너뜨리는 크립토나이트와 달리 진짜 크립톤은 그렇게 무시무시한 존재가 아니야. 비활성 기체거든. 형광등이나 전구에 사용되기도 해.

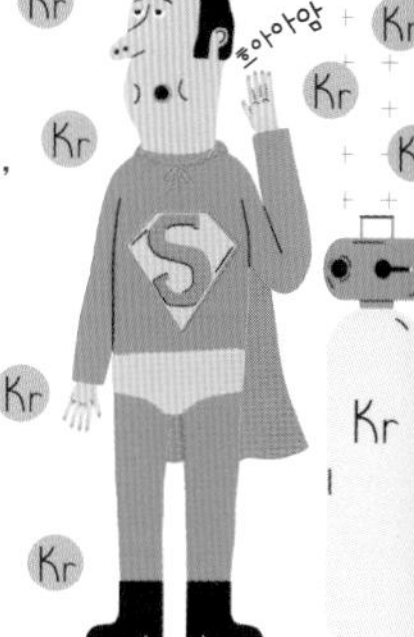

어디 있을까

- ☐ 형광등
- ☐ 크립톤 전구

루비듐 Rubidium

37 Rb

👁 은백색 금속
⚠ 독성은 불확실 ☆ 과학 연구용

루비듐은 소듐, 포타슘과 같은 족에 있기 때문에 그만큼 반응성이 강해. 루비듐 화합물은 대부분 다른 광물질 속에 불순물로 들어 있어서 추출하기가 그만큼 더 어렵지. 어쨌거나 루비듐은 쓸 곳이 딱히 많지도 않아. 질산루비듐($RbNO_3$)은 불꽃놀이에서 보라색을 만드는 데 쓰이기도 하지만 대부분 과학 연구에 사용되지.

어디 있을까

- ☐ 보라색 불꽃놀이

스트론튬 Strontium

38 Sr

👁 은빛이 도는 노란색의 부드러운 금속
⚠ 방사성 ☆ 이빨 치료

스트론튬은 칼슘과 같은 족이라서 사람은 스트론튬을 칼슘과 똑같은 방식으로 뼈에 저장할 수 있어. 우리 몸은 칼슘을 스트론튬으로 대체하기 때문에 스트론튬 화합물은 이가 시린 사람들을 위한 치약에도 쓰고, 이빨의 법랑질이 닳아 버린 곳을 고칠 때도 쓰지. 스트론튬은 불꽃놀이에서 진한 빨간색을 내는 데도 사용해.

어디 있을까

- ☐ 시린 이빨용 치약
- ☐ 빨간색 불꽃놀이

이트륨 Yttrium

39 Y

👁 부드러운 은색 금속
⚠ 독성을 띨 수 있음 ☆ 텔레비전 화면에 그림 뿌리기

이트륨이라는 이름은 '위테르뷔'라는 스웨덴의 어느 마을 이름에서 따왔지. 이 마을은 이전까지 발견되지 않았던 일곱 가지 원소가 들어 있는 광석이 발견된 걸로 유명해. 구식 음극선관 텔레비전이 집에 있으면 이트륨을 추적할 수 있을 거야. 이트륨이 화면에 점점이 찍혀 있는 빨간색 인광 물질의 일부로 들어 있거든. 삼파장 형광등에도 이트륨이 쓰여.

어디 있을까

- ☐ 삼파장 형광등

지르코늄 Zirconium

40 Zr

👁 단단한 은회색 금속
⚠ 방사성 동위원소 ☆ 땀 냄새 제거

지르코늄과 그 화합물 중 일부는 원자로 내벽을 만드는 데 사용되지. 집에서는 몸냄새를 없애는 데오도란트나 땀 냄새 제거 스프레이 같은 것에서 찾아볼 수 있어. 한편 산화지르코늄(ZrO_2)은 아름다운 무색의 결정이라서 세공하면 다이아몬드처럼 보이지.

어디 있을까

- ☐ 데오도란트
- ☐ 큐빅 지르코니아 보석

41 Nb 나이오븀 Niobium

◉ 반짝이는 회색 금속
⚠ 일부 화합물은 독성 ☆ 우주여행을 함

나이오븀은 파이프라인이나 우주선에 쓰이는 엄청 단단한 합금을 만드는 데 사용돼. 순수한 나이오븀은 저자극성이야. 어떤 사람들은 니켈 성분에 피부 발진이 생기기도 하는데 나이오븀은 그럴 일이 없다는 소리지. 그래서 코걸이나 귀걸이를 나이오븀으로 만들기도 해. 비싸기는 하지만.

어디 있을까

- ☐ 보디 피어싱
- ☐ 귀걸이
- ☐ 코걸이
- ☐ 우주선

42 Mo 몰리브데넘 Molybdenum

◉ 반짝이는 회색 금속
⚠ 필수 원소 ☆ 식물의 도우미

흙 속에 들어 있는 몰리브데넘은 완두콩, 콩, 클로버 같은 식물들이 공기 속의 질소를 생명체에 꼭 필요한 분자로 바꿀 수 있게 도와주지. 사람도 효소를 만드는 데 약간의 몰리브데넘이 필요한데, 다양한 채소를 통해 몰리브데넘을 섭취할 수 있어. 몰리브데넘은 엄청나게 튼튼한 강철 합금에서도 찾아볼 수 있지.

어디 있을까

- ☐ 완두콩
- ☐ 콩
- ☐ 렌틸콩
- ☐ 채소
- ☐ 자전거
- ☐ 자동차 부품

43 Tc 테크네튬 Technetium

◉ 은색 금속 ⚠ 방사성 ☆ 초강력 스캐너

테크네튬은 원자로에 들어 있는 다 쓴 우라늄 원료봉에서 추출해. 이 원소의 동위원소들은 모두 방사선을 띠는데 그중 하나인 테크네튬-99m은 굉장히 쓸모가 많지. 감지가 가능한 감마선을 방출하거든. 그래서 의사들은 이것을 환자의 몸 안에 주입해서 신체 내부를 스캔하지. 이 동위원소는 반감기가 6시간으로 아주 짧아. 6시간 후에는 전체 주입량의 절반만 남는다는 뜻이야. 이 성분은 우리 몸에서 신속하게 사라지지.

어디 있을까

- ☐ 의료 검사 장비

44 Ru 루테늄 Ruthenium

◉ 은색 금속 ⚠ 독성 화합물
☆ 단단한 펜촉

루테늄은 바위처럼 단단하고 반응성이 없는 금속이야. 합금에 섞어서 내구성을 높이기도 하고 특별한 전기 장치에도 들어가지. 비싼 만년필 중에는 펜촉 끝 부분에 작은 루테늄 방울을 달아서 펜촉이 잘 닳지 않고 글씨가 부드럽게 써지게 만든 것도 있어.

어디 있을까

- ☐ 만년필 펜촉

45 Rh 로듐 Rhodium

◉ 은백색 금속 ⚠ 비활성 ☆ 뛰어난 변환 장치

로듐은 색이 변하지 않기 때문에 보석을 코팅하는 데도 일부 사용되지만 대부분은 자동차의 촉매 변환 장치에 들어가. 이 장치는 오염을 일으키는 배기가스를 공기 중으로 방출해도 괜찮은 덜 유해한 기체로 바꿔 줘. 백금과 팔라듐도 촉매 변환 장치에 사용되는데 이 세 가지 금속 모두 가격이 무척 비싸기 때문에 폐차할 때는 이 성분들을 재활용하지.

어디 있을까

- ☐ 보석
- ☐ 촉매 변환 장치

46 Pd 팔라듐 Palladium

◉ 은백색 금속 ⚠ 알려진 유해성은 없음 ☆ 튼튼한 치과 재료

팔라듐은 대부분 다른 금속의 광석을 처리하고 생기는 부산물로 만들어져. 촉매 변환 장치나 보석, 값비싼 펜촉에도 들어가고, 금을 코팅하는 재료로도 종종 쓰이지. 팔라듐의 흔적을 우리 입안에서 찾을 수 있을지도 몰라. 치과에서 사용하는 금속 아말감 재료에 조금 들어 있거든.

어디 있을까

- ☐ 보석
- ☐ 촉매 변환 장치
- ☐ 펜촉
- ☐ 치과 치료용 재료

미스터리 원소 6

수염 탐정: 주기율표 사건

주기율표를 개발하는 과정에서는 수염이 있는 것이 도움이 됐어. 수염이 풍성할수록 좋았지.

여자들한테 너무 불공평한 거 아냐?

미안…

프랑스 화학자 알렉상드르-에밀 베귀예 드 샹쿠르투아(1820~1886)는 이름은 엄청 길지만 수염은 빈약했지.

나 잘생기지 않았어?

그래서인지 그다지 성공하지 못했어.

1862년에 그는 알려진 원소들을 원자량 순서로 나열한 표를 처음으로 만들어 냈지.

이것을 '흙의 나선'이라고 부릅니다.
당최 이해할 수가 없군요.

안타깝게도 그의 연구는 무시당했어.

그다음으로 시도한 수염 달린 학자는 영국의 화학자 존 뉴랜즈(1837~1898)였어. 그는 수염이 훨씬 풍성한 만큼 훨씬 잘했지.

나는 '옥타브 법칙'을 생각해 냈어!

1864년에 발표된 이 법칙은 원자량 번호가 8칸씩 떨어져 있는 원소들을 한 무리로 묶었지.

하지만 여기에는 몇 가지 문제가 있었어.

정답에 거의 다가섰지만 명중시키지는 못한 거지.

다행히도 아주 잘나가던 러시아의 화학자 드미트리 멘델레예프*는 정말 풍성한 수염과 머리카락을 갖고 있었어. 그리고 그에 어울리는 두뇌도.

*드미트리 멘델레예프, 1834~1907

1867년에 멘델레예프는 새로운 화학 교과서를 만드는 작업에 착수했지. 그래서 알려진 모든 원소에 대한 사실을 카드에 정리했어.

분명 어떤 패턴이 존재할 거야. 그걸 찾기 전에는 잠을 자지 않겠어.

물론 그 결과는 뻔했지.

그런데 그는 꿈속에서 카드를 새로 배열해서 표를 만들었어. 새로운 원소가 아직 발견되지 않은 곳에는 빈칸을 남겨 두었고.

그의 얘기니까 믿거나 말거나…

1869년에 멘델레예프는 자신의 주기율표를 공개하고, 빈칸을 채워 줄 원소들 가운데 두 가지 미확인 원소의 존재를 예언했어.

이 두 원소의 이름은 '에카알루미늄'과 '에카규소'야.

'에카(eka)'는 고대 산스크리트어로 '하나 다음'이란 뜻이야.

모두가 그의 아이디어에 동의한 건 아니지만 결국…

지금은 갈륨*과 저마늄**이라고 불러(38쪽을 참고해).

멘델레예프의 주기율표가 옳다는 게 입증됐어. 지금은 그를 기려 그의 이름을 딴 원소도 있지.

어븀	툴륨	이터븀
100 Fm 페르뮴	101 Md 풍성수염뮴 멘델레븀	102 No 노벨륨

여러분의 주기율표에서도 한번 찾아봐.

47 Ag

은 Silver

◉ 반짝이는 은색 금속
⚠ 일부 독성 화합물 ☆ 뛰어난 기억력

은을 사용한 역사는 5천 년을 거슬러 올라가지. 아주 오래전에는 은이 금보다도 귀했다고 해. 얻기가 어려웠거든. 은의 화학기호인 Ag는 은의 라틴어 이름인 '아르젠툼(argentum)'에서 왔어. 이 라틴어는 '은' 또는 '하얀색'을 의미하는 단어야. 연금술사들은 은의 빛깔을 보고 은을 달과 연관시켜서 초승달 모양의 기호로 표시했지.

은은 금속 중에서 반사를 제일 잘해서 거울을 만드는 데 사용해. 은은 공기 중에서 황화합물과 반응해서 어두운 색깔의 황화은을 만들어 내지. 따라서 어두운 색으로 코팅된 낡은 거울을 발견했다면 방 안에 숨어 있는 은 원소를 찾아낸 것일지도 몰라.

은은 먹을 수도 있어. 유럽에서는 E174번 식품첨가물이 바로 은이야.

어디 있을까

- ☐ 보석
- ☐ 음식 그릇
- ☐ 오래된 사진
- ☐ 오래된 동전
- ☐ 오래된 거울
- ☐ 반창고
- ☐ 케이크 장식
- ☐ 악취 방지 양말

오래된 사진의 비밀

브로민화은(AgBr), 염화은(AgCl), 아이오딘화은(AgI)은 디지털 사진이 발명되기 전에 사용하던 사진용 필름과 인화지에 들어 있던 화합물들이지. 은염(silver salt)은 카메라 안(필름)에 있는 것이든, 암실(인화지)에 있는 것이든 빛에 노출되면 어두운 색으로 변해. 오래된 흑백사진을 찾아봐. 그 사진에 어두운 부분이 있다면 은염의 결정을 찾아낸 거야.

사건 발생 - 까매진 은수저

은수저나 은도금된 수저를 빌릴 수 있는지 알아봐. 그리고 양배추나 양파 같이 황 성분이 풍부한 채소를 썰어서 스테인리스 강철 냄비에 물과 함께 넣고 삶아. 그런 다음 불을 끄고 은수저를 그 냄새 나는 물속에 담가 봐.

그렇게 몇 시간 정도 담가 두면 황 성분이 풍부한 물과 접촉하는 면이 황화은으로 코팅되면서 번쩍거리던 수저가 거무칙칙한 색깔로 변할 거야. 걱정할 필요는 없어. 다음 실험에서 원래대로 되돌릴 수 있으니까.

경고! 물이 뜨거우니까 꼭 어른과 함께 해.

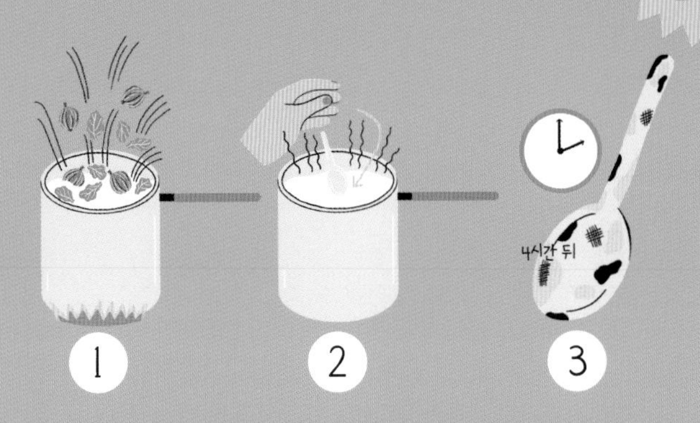

사건 발생 - 은수저, 다시 반짝이다

머그컵 안쪽을 알루미늄 포일로 덧대. 그리고 다른 컵에 따뜻한 물을 담고 베이킹소다와 소금을 한 숟가락씩 넣고 잘 저어 줘. 이 물을 포일로 안을 덧댄 컵에 부어. 그런 다음 까매진 은수저를 포일과 닿게 해서 이 용액 속에 담가 둬. 그러면 수저 표면에서 작은 거품들이 생기면서 수저를 덮고 있던 까만 코팅이 눈앞에서 사라질 거야. 전기분해가 일어나 황화은이 다시 반짝이는 은으로 바뀌고 있는 것이지. 그 거품의 정체는 황화수소 기체야. 코를 대고 냄새를 맡지는 말라고 충고할게. 달걀 썩은 내가 나거든!

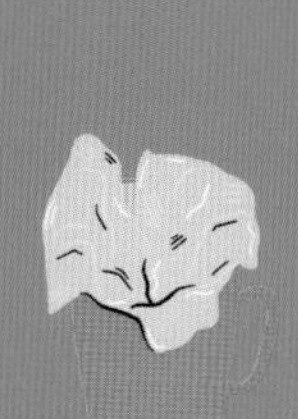
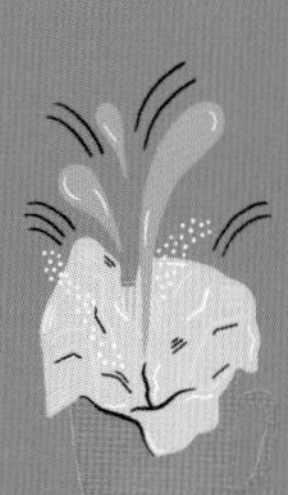
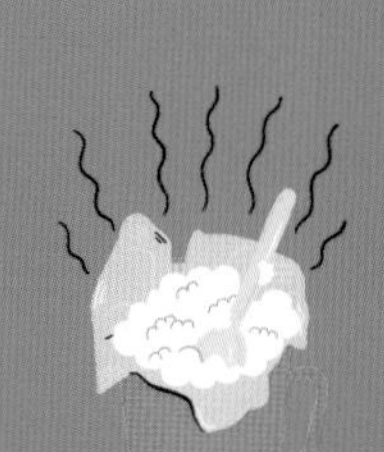

1 2 3

48 Cd

카드뮴 Cadmium

👁 청회색 금속 ⚠ 강한 독성 ☆ 충전 가능

카드뮴은 지각에서는 찾아보기 힘들어. 그리고 부디 앞으로도 계속 그렇기를 바라. 이 원소는 독성이 엄청 강해서 여러 가지 질병을 일으키거든. 그래서 사용도 엄격히 통제되고 있어. 우리는 카드뮴에 쉽게 노출될 수 있는데, 바로 담배 연기를 맡을 때 그렇지. 카드뮴은 충전용 니켈-카드뮴(Ni-Cd) 배터리를 만드는 데도 사용하는데, 쓸 때는 안전하지만 버릴 때 적절히 처리하지 않으면 위험할 수 있어. 쓰레기 매립지에 함부로 버렸다가는 지하수를 오염시켜 농작물과 가축을 중독시킬 수 있지.

밝은 색의 카드뮴 화합물을 물감과 플라스틱에 넣기도 해. 팝아티스트들은 카드뮴 노랑, 카드뮴 오렌지색, 카드뮴 빨강 같은 색깔을 즐겨 쓰기도 하지. 카드뮴을 물감으로 사용하는 것은 안전하지만, 플라스틱, 장난감, 식기류에 색을 낼 때 사용하는 것은 금지하고 있어.

어디 있을까

- ☐ Ni-Cd 배터리
- ☐ 카드뮴 물감 색소

카드뮴 노랑

인듐 Indium

49 In

👁 부드러운 은회색 금속
⚠ 화합물 중 일부는 독성 ☆ 매직 터치

인듐은 지각에서는 얼마 안 되는 광물질에서만 발견돼. 인듐이 쓰이는 곳이 많다 보니 일부 화학자는 한 세기 안으로 인듐이 바닥나지 않을까 걱정하지. 하지만 어떤 사람은 인듐 추출 기술이 더 좋아져서 걱정 없을 거라고도 해. 신기한 걸 알려 줄까! 인듐을 구부리면 결정들이 금속 안에서 움직이면서 탁탁 거리는 소리를 내. 덕분에 우리가 인듐을 흉내 낼 수 있지(세상에 금속을 다 흉내 내다니!).

어디 있을까

- ☐ LED, LCD 텔레비전
- ☐ 터치스크린

인듐은 갈륨처럼 무른 금속이야. 인듐으로 종이 위에 글씨를 쓸 수도 있고, 손톱으로 인듐을 긁어 낼 수도 있지. 인듐을 유리에 붙여서 거울을 만들 수도 있지만, 인듐은 거의 다가 산화인듐주석(ITO)이라는 화합물 형태로 평평한 화면(LED, LCD)을 만드는 데 쓰이지. 텔레비전이나 스마트폰에서 인듐을 추적할 수 있다는 뜻이야.

50 Sn

주석 Tin

👁 은회색 금속 ⚠ 독성 없음 ☆ 땜질에 최고!

주석은 아주 오래전부터 알려진 원소야. 한때는 구리와 섞어 청동을 만드는 데 쓰인 덕분에 귀한 대접을 받았지. 주석이 들어간 합금으로는 회색이 나는 부드러운 백랍도 있어. 접시, 컵, 메달 모양 장식품, 군인 모형 같은 걸 만드는 데 쓰이지. 한때는 이런 것이 큰 인기를 끌었지만 독성이 있는 납을 함유할 때가 많아서(요즘에는 납이 들어가지 않아!) 인기가 시들해졌어.

철과 강철을 주석으로 얇게 코팅하면 녹스는 것을 막을 수 있어. 통조림 깡통에서 주석이 이런 용도로 사용되고 있지. 통조림 깡통은 19세기 초에 발명됐는데 이 원소의 이름을 따서 주석 깡통이라고도 해. 주석에는 자성이 없지만 깡통에 들어 있는 강철에는 자성이 있지. 그래서 자석을 이용하면 깡통을 들어 올릴 수 있어.

딱 붙여 드립니다

주석은 전기 장비나 전자 장비에는 거의 빠짐없이 들어 있어. 땜납은 주석과 납의 합금인데, 녹였다가 굳히면 전선과 마이크로칩을 제자리에 신속하게 고정시켜 주고, 전기도 잘 통하지. 납은 독성이 있어서 요즘에는 납이 없는 땜질을 널리 하지.

어디 있을까

- ☐ 통조림 깡통
- ☐ 전기 장치
- ☐ 백랍 접시
- ☐ 주석 식기, 군인 모형

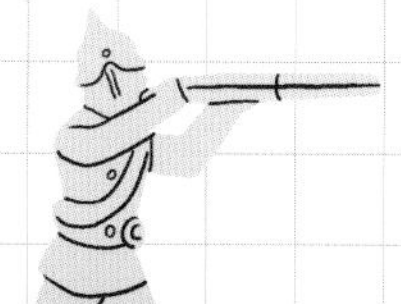

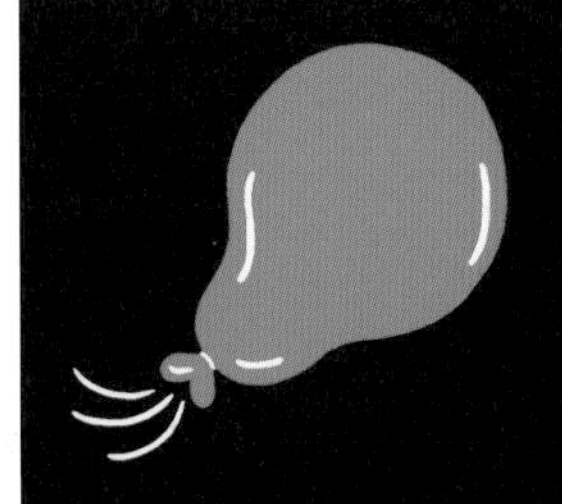

미스터리 원소 7

램지 탐정과 레일리 탐정: 비활성 기체 사건

원소를 하나 찾아낸 화학자는 아주 많아. 예를 들면 영국의 화학자 헨리 캐번디시는…

나는 수소가 기체라는 걸 알아냈지.

수소(1766년)

그리고 독일의 연금술사 헤닝 브란트는…

불빛이 아주 따뜻해.

인(1669년)

몇 개씩 찾아낸 사람도 많았어. 예를 들면 스웨덴 화학자 베르셀리우스는…

천재라고나 할까.

세륨(1803년), 셀레늄(1817년), 규소(1823년), 토륨(1829년)

그리고 콘월 출신의 그 화학자도 잊지 않았겠지.

내가 누군지 기억날 거야!

포타슘, 소듐, 붕소(1807년), 마그네슘, 칼슘, 스토론튬, 바륨(1808년) (《미스터리 원소 5》를 참고)

하지만 화학 역사상 주기율표에서 족 전체(18족, 비활성 기체)를 통째로 찾아낸 사람은 단 한 명밖에 없어.

사실이야. 다른 사람들의 도움을 받기는 했지만.

윌리엄 램지. 1852년 스코틀랜드에서 출생, 1916년 영국에서 사망.

1894년 4월에 램지는 또 다른 화학자 레일리의 강의를 들으러 갔어. 레일리는 무언가 이상한 현상을 발견했지.

우리가 공기 중에서 추출한 질소는 실험실에서 만든 순수한 질소보다 밀도가 더 높은 것 같소.

존 윌리엄 스트럿(흔히 레일리 경이라고 부름), 1842~1919

이 주장에 램지는 생각에 잠기게 됐어.

어쩌면 공기 중에는 산소와 질소 말고도 우리가 아직 모르는 또 다른 원소가 있는지도 몰라. 질소보다도 화학반응성이 훨씬 낮은 원소가!

레일리 경도 똑같은 생각을 하고 있었지!

두 화학자는 그 원소를 찾기 위해 함께 연구를 시작했고, 몇 달 후에 이렇게 선언하지.

공기 중에는 또 다른 기체 상태의 원소가 존재합니다. 하는 일은 별로 없는 원소죠.
그래서 그것을 '아르곤'이라 부르기로 했어요. 게으르다는 뜻입니다.*

*물론 그리스어로 그런 뜻이지.

처음부터 모두가 이 주장에 동의한 건 아니야. 잘나가던 기체 액화 전문가 제임스 듀어*도 반대했어.

내 생각에는 당신들이 더 무거운 유형의 질소를 찾아낸 것 같소만.
아니요. 그렇지 않다니까요.

*진공병 발명가

램지는 연구를 계속해서 결국 크립톤, 네온, 제논 이렇게 세 가지 비활성 기체를 더 발견하지. 그리고 최초로 헬륨을 추출하는 데도 성공했어.

이제 나는 아주 높게 평가받고 있다구. 꽥꽥!
He

그는 또한 방사성 비활성 기체인 라돈도 연구했어(52쪽을 참고).

1902년에 멘델레예프는 자신의 주기율표에 비활성 기체 족을 덧붙여. 그리고 1904년에 램지와 레일리는 아르곤 연구에 대한 공로로 노벨상을 받았어.

비활성 기체 연구로 노벨상을 타다니. 만세!

램지 = 노벨화학상, 레일리 = 노벨물리학상.
제임스 듀어는 훌륭한 과학자였지만 노벨상은 못 탔어.

안티모니 Antimony

51 Sb

👁 은회색 준금속
⚠ 잠재적 독성
☆ 불연성

안티모니는 휘안석이라는 광물 속에 들어 있어. 휘안석은 고대 이집트인들이 검게 눈 화장을 할 때 쓰던 것이지. 피라미드 벽화를 떠올려 봐.

안티모니의 화학기호인 Sb는 휘안석(Stibnite)의 이름에서 나왔지. 이 원소는 삼산화이안티모니(Sb_2O_3)라는 화합물에서 찾아볼 수 있어. 이 성분은 장난감, 옷, 자동차 시트 같은 것을 불에 타지 않도록 불연 처리할 때 쓰이지.

어디 있을까

- ☐ 장난감, 옷
- ☐ 자동차 시트
- ☐ 자동차 배터리

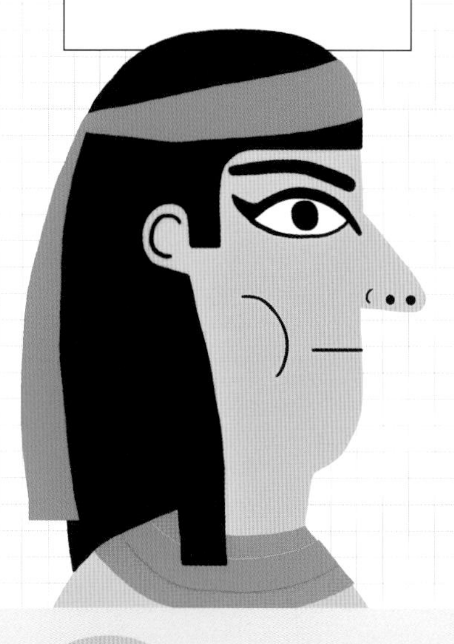

텔루륨 Tellurium

52 Te

👁 은회색 준금속
⚠ 잠재적 독성 ☆ 불연성

지구에서 텔루륨은 거의 금이나 백금만큼이나 희귀해. 텔루륨은 금과 반응해서 광석을 형성하는 몇 안 되는 원소 중 하나이며, 이런 광석에서 금을 추출하지. 텔루륨 중 일부는 강철, 구리, 납의 합금을 만드는 데 들어가기도 해.

공기 중의 텔루륨에 너무 많이 노출되면 우리 몸은 디메틸 텔루라이드라는 화합물을 만들어 낼 거야. 그럼 숨과 땀에서 몇 달 동안 마늘 냄새가 진동하겠지.

어디 있을까

- ☐ 재기록 가능 DVD
- ☐ 블루레이 디스크

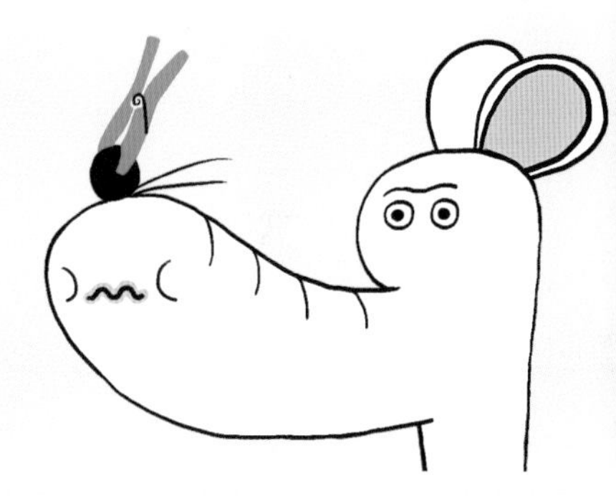

아이오딘(요오드) Iodine

53 I

👁 검정색 고체 비금속, 보라색 기체
⚠ 건강에 필수 성분 ☆ 살균 능력

아이오딘은 바닷물 속에 들어 있어. 예전에는 해초에서 추출하기도 했지. 염소, 브로민 등의 다른 할로젠 원소들과 마찬가지로 아이오딘도 강한 냄새를 풍겨. 아이오딘 용액은 살균에 사용하는데, 피부에 직접 바를 수도 있어. 그럼 노란색이 도는 갈색 얼룩이 살갗에 남지. 흉선에서 성장과 발달을 조절하는 호르몬을 만들어 내려면 아이오딘 성분이 필요해. 그래서 식용 소금에 종종 아이오딘을 첨가하기도 해.

어디 있을까

- ☐ 우리 몸
- ☐ 식용 소금
- ☐ 대구
- ☐ 해덕(대구 비슷한 생선)
- ☐ 달걀
- ☐ 요구르트
- ☐ 우유
- ☐ 구급상자

기체가 되어 사라지다

원소 상태의 아이오딘은 한 가지 이상한 짓을 해. 실온에서 아이오딘은 보랏빛이 도는 검은 고체야. 그런데 이것을 가열하면 액체 상태를 거치지 않고 곧바로 보라색 증기로 바뀌지. 이런 현상을 '승화'라고 해.

제논 Xenon

54 Xe

👁 색깔 없는 비활성 기체
⚠ 독성 없음 ☆ 엄청 번쩍거림

제논은 영어 이름이 X로 시작하는 유일한 기체야. X로 시작하니까 무언가 흥미진진한 일을 벌일 것 같은 기분이 들지만 사실은 화학반응을 하지 않는 비활성 기체지. 제논은 지구의 대기 중에 아주 조금 들어 있어.

제논은 레이저, 아이맥스 영화 영사기, 우주선 같은 데 사용해. 자동차에 사용하는 제논 헤드라이트 램프는 전구에 제논이 살짝 들어간 덕분에 아주 번쩍거리는 빛을 내지. 그래서 제논의 미래도 아주 밝지 않을까 싶어!

어디 있을까

- ☐ 공기
- ☐ 제논 헤드라이트 램프
- ☐ 아이맥스 영화 영사기

세슘 Caesium

55 Cs

◉ 은빛이 도는 부드러운 금색 금속
⚠ 약간의 독성 ☆ 시간의 지배자

세슘은 반응성이 아주 강해. 물에 넣으면 폭발할 정도지. 집에서 세슘 원자를 만날 일은 거의 없겠지만 그래도 세슘은 우리에게 아주 큰 영향을 주지. 세슘의 전자 에너지에서 생기는 아주 작은 변화가 원자시계를 조절해서 1천만 년에 1초 정도의 오차로 정확도를 유지해 주거든. 휴대폰 네트워크와 인터넷을 통합해 주는 것도 이 시계들이야. 따라서 세슘이 우리의 생활을 지배한다고 할 수 있지!

어디 있을까

- ☐ 인터넷
- ☐ 휴대폰 네트워크
- ☐ 시계

바륨 Barium

56 Ba

◉ 부드러운 은색 금속
⚠ 독성 화합물 ☆ X선 검사

'바륨'이라는 이름은 '무겁다'라는 뜻의 그리스어에서 나왔어. 불용성(물에 녹지 않는 성질) 황산바륨이 들어간 음식(바륨식)을 먹은 사람의 몸속을 X선으로 검사하면, 음식물이 장 속에서 어디를 지나가는지 의사가 눈으로 확인할 수 있어. 수용성(물에 녹는 성질) 바륨 화합물은 먹으면 안 돼. 독성이 있거든. 바륨과 니켈의 합금은 자동차의 점화 플러그를 만들고, 바륨을 폭죽에 첨가하면 예쁜 녹황색 불꽃이 나오지.

바륨의 원자번호와 그다음에 나오는 하프늄의 원자번호는 1이 아니라 16만큼 차이가 나. 그건 란타넘족 때문이야. 란타넘족은 전자의 배열 방식 때문에 비슷한 화학적 성질을 가지게 된 원소들의 무리지. 화학자들은 이 원소들을 주기율표 아래쪽에 따로 한 줄로 정리해 놨어(54쪽에 란타넘족이 나오지).

어디 있을까

- ☐ 점화 플러그
- ☐ 폭죽
- ☐ 쥐약
- ☐ 바륨식

하프늄 Hafnium

72 Hf

◉ 부드러운 은색 금속
⚠ 알려진 독성은 없음 ☆ 우주여행을 함

집에서 하프늄을 찾기는 어려울 거야. 하프늄을 찾으려면 망원경으로 달 표면을 살펴봐. 아폴로 달 착륙선의 로켓 추진기 분사구가 나이오븀, 하프늄, 타이타늄으로 만들어졌거든. 승무원들을 안전하게 궤도 선회 우주선으로 귀환시킨 다음 이 우주선의 일부를 일부러 달에 추락시켰어. 그래서 달 표면에는 거기서 나온 온갖 잡동사니들이 남아 있지!

어디 있을까

- ☐ 달 착륙선

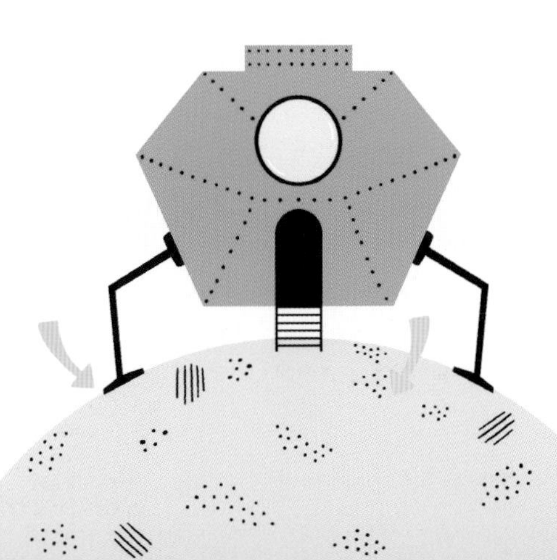

탄탈럼 Tantalum

73 Ta

◉ 반짝이는 회색 금속
⚠ 독성 없음 ☆ 전자 장비 단골손님

탄탈럼은 나이오븀과 같은 광석에 들어 있어. 이 원소는 거의 모든 휴대폰, 노트북, 태블릿PC에서 사용되는 중요한 전자 부품인 축전기, 저항기 같은 것을 만드는 데 쓰이지. 수요가 워낙 많아서 어떤 사람은 50년 정도면 탄탈럼이 바닥날 거라고 말해. 낡아서 버리는 전자 장비를 잘 재활용해야겠지!

어디 있을까

- ☐ 휴대폰
- ☐ 노트북
- ☐ 태블릿PC
- ☐ 대부분의 소형 전자 장치

텅스텐 Tungsten

74 W

👁 은회색 금속
⚠ 독성 없음 ☆ 엄청 단단함

어디 있을까

- ☐ 구식 백열전구
- ☐ 신식 할로젠 전구
- ☐ 드릴
- ☐ 보석

스웨덴어로 '무거운 돌'이라는 뜻인 텅스텐은 철망가니즈중석(wolframite)이라는 광석에서 추출해. 그래서 화학기호가 W지. 텅스텐의 밀도는 금과 비슷하고, 녹는점이 탄소의 뒤를 이어 두 번째로 높아.

예전에는 실처럼 가늘게 뽑은 텅스텐을 백열전구의 필라멘트로 사용했지. 이런 전구들이 지금은 절전형 전구로 대체되었지만 할로젠 전구에는 아직도 텅스텐 필라멘트가 들어 있어.

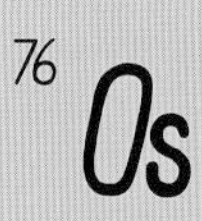

레늄 Rhenium

75 Re

👁 반짝이는 은회색 금속
⚠ 알려진 독성은 없음
☆ 초음속 비행기

레늄은 지각에서는 엄청나게 희귀한 원소야. 믿기 어려울 정도로 단단하고 녹는점이 가장 높은 원소 중 하나라는 점에서 텅스텐과 비슷하지. 레늄을 니켈과 합금해서 제트엔진에 사용해. 그러니까 이 원소를 추적할 때는 굉음을 내며 지나가는 비행기를 찾아보면 된다는 말이지!

어디 있을까

- ☐ 제트 비행기

오스뮴 Osmium

76 Os

👁 청백색 금속
⚠ 독성이 엄청 강한 화합물 ☆ 생명의 구세주

'오스뮴'이라는 이름은 '냄새'라는 뜻의 그리스어에서 나왔어. 하지만 이 원소를 냄새로 찾아내려면 고생 깨나 할 거야. 지각에 존재하는 안정적인 원소 중에서 가장 희귀한 원소거든.

오스뮴은 안정적인 원소 중에서 밀도도 제일 높아('안정적'이라는 말은 시간이 흘러도 방사성 붕괴로 변하지 않는다는 뜻이야).

오스뮴은 부식에도 강하기 때문에 손상받은 심장이 정확히 박동하게 유지해 주는 심장 박동 조율기나 인공 심장 판막에 배선 재료로 사용해. 혹시 주변에 오스뮴 덕분에 목숨을 유지하는 사람 못 봤어?

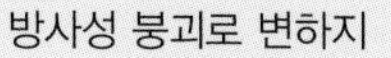

어디 있을까

- ☐ 심장 박동 조율기

이리듐 Iridium

77 Ir

👁 반짝이는 하얀색 금속
⚠ 독성은 낮음 ☆ 방어력 최상

이리듐은 화학적 반응성이 대단히 낮아. 이리듐을 공격하는 산성 물질은 아직 발견되지 않았지. 이리듐은 깜짝 놀랄 정도로 희귀해서 공룡이 멸종할 즈음에 생긴 얇은 층으로만 지각에 존재해.

이 이유를 설명하는 이론에 따르면, 아주 오래전 이리듐이 들어 있는 운석이나 소행성이 지구와 충돌하면서 먼지 구름을 일으켜 공룡 멸종으로 이어졌다는 거야. 이리듐은 공룡을 멸종시키기도 했지만 점화 플러그에도 사용되고, 비싼 만년필의 펜촉 끝에도 쓰이지.

어디 있을까

- ☐ 점화 플러그
- ☐ 만년필

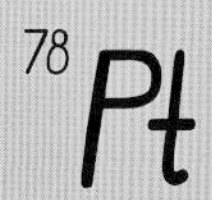

백금 Platinum

78 Pt

◉ 부드러운 회백색 금속
⚠ 독성 없음 ☆ 뛰어난 변환기

백금은 지각에서는 금만큼이나 희귀해. 백금과 금은 보통 함께 발견되고, 둘 다 아주 값비싼 금속이야. 반응성이 굉장히 낮아서 잘 변하지 않지만, 화학반응의 속도를 빠르게 해주는 촉매 역할을 하지. 백금은 잡아 늘일 수 있는 연성이 뛰어나서 보석이 들어간 장신구나 기념주화, 왕관 같은 데 많이 사용되지.

어디 있을까

- ☐ 보석
- ☐ 기념주화, 장신구
- ☐ 왕관
- ☐ 촉매 변환 장치

영국의 왕관 중에는 백금과 2,800개의 다이아몬드로 만든 것도 있어.

자동차를 추적해 봐

백금 원소를 찾아내고 싶으면 자동차를 추적해 봐. 백금은 자동차 배기 장치의 촉매 변환 장치에서 아주 중요한 요소거든. 백금은 값이 나가는 원소이기 때문에 보통은 차를 폐기할 때 회수해서 재활용하지.

금 Gold

79 Au

◉ 부드럽고 반짝이는 노란색 금속
⚠ 독성 없음 ☆ 변신 천재

금은 귀금속 중에서도 제일 귀한 금속이야. 화학반응을 잘 하지 않아서 대단히 안정적이고 자연에서는 사금, 금맥, 금덩어리 등의 형태로 전 세계에 존재하지. 하지만 아주 희귀한 데다 아름답기까지 해서 가치가 대단히 높아.

금은 다른 금속들처럼 물속에서 부식되거나 공기와 반응하지 않기 때문에 영원히 반짝거리지. 고대 이집트에서 발견된 반짝이는 보물들을 떠올려 봐!

지각에 들어 있는 금은 최초의 생명체가 나타난 시점과 비슷한 40억 년쯤 전에 지구와 충돌한 소행성을 타고 온 것으로 여겨지고 있어. 금은 석영이나 다른 광물질과 한데 얽힌 광맥으로 발견되기도 하고, '호박금'이라고 하는 금과 은의 합금에서 발견되기도 해. 가끔 아주 운이 좋은 사람들은 그냥 땅 위에서 금덩어리를 줍기도 하지. 그러니 항상 두 눈을 똑바로 뜨고 다니라구!

바다에서 금 찾기

바닷물에도 금이 들어 있어. 하지만 이 금을 찾아내려면 골치 깨나 썩을 거야. 바닷물에서 금 1그램을 뽑아내려면 올림픽 수영장 400개를 채울 바닷물이 필요할 테니까.

어디 있을까

- ☐ 보석
- ☐ 고급 음식
- ☐ 전자 장비
- ☐ 바닷물
- ☐ 식품첨가물

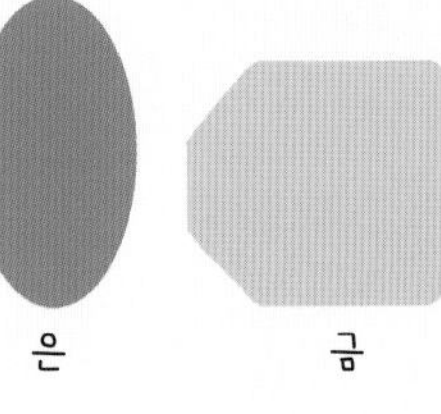

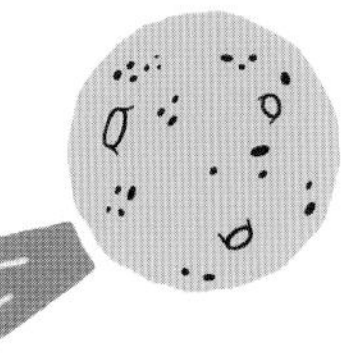

휴대폰 금광

금은 화학반응도 거의 안 하고 전기도 잘 통하기 때문에 컴퓨터나 휴대폰 속 회로 기판에 조금씩 사용하지. 어떤 전문가들은 휴대폰 40대에서 금 1그램을 뽑아낼 수 있다고 생각해. 수영장 400개짜리 바닷물을 일일이 채로 거르는 것보다는 이쪽이 훨씬 쉽겠지!

완전 부드러워~

금은 대단히 부드러운 금속이야. 연성이 엄청 좋아서, 잡아당겨서 원자 하나 두께로 실을 만들 수도 있어! 금은 전성도 좋아(두드려 펴서 모양을 쉽게 바꿀 수 있다는 뜻이야). 금 1그램을 두드리면 놀랍게도 1제곱미터 넓이로 엄청 얇게 펼 수 있어. 이것을 금박이라고 하지. 금박은 책, 가구, 장신구 등을 장식하는 데 사용해. 금박은 원자 400개에서 500개 정도밖에 안 되는 두께로 얇게 만들 수 있어. 금은 독성이 없기 때문에 먹어도 안전해. 그래서 고급 초콜릿 장식에 사용하는 거야.

🔍 사건 발생 - 귀금속의 정체를 밝혀라

순금은 24캐럿(24K)으로 알려져 있지. 순금은 너무 무르기 때문에 구리나 은 같은 금속과 섞어 합금을 만들 때가 많아. 합금을 만들면 캐럿 수가 낮아져(22K, 18K, 9K…). 이런 합금은 더 단단하지만 금이 덜 들어가 있지.

금으로 만든 물건에는 '홀마크'라고 하는 표시가 있을 때가 많아. 이 표시는 그 물건에 어떤 품질의 금을 사용했는지, 그 물건을 어디서 만들었는지 알려 주지. 귀금속 원소들을 추적하고 싶다면 돋보기로 목걸이나 반지 같은 걸 들여다봐. 귀금속마다 다른 마크가 찍혀 있지. 그 마크를 옆에 있는 비밀 암호하고 비교해 봐.

수은 Mercury

80 Hg

👁 은백색 액체
⚠ 독성 있음 ☆ 엄청 빨리 굴러다님!

주기율표에 있는 원소 가운데 실온에서 액체인 유일한 원소가 수은이야. 액체 수은을 바닥에 흘리면 반짝이는 작은 공처럼 뭉쳐서 아주 빠르게 굴러다니지. 그래서 수은을 '빠른 은'이라는 뜻인 '퀵실버(quicksilver)'라고 부르기도 해. 고대 로마인들은 수은을 '물(水) 은'이라는 뜻인 '히드라르지룸(hydrargyrum)'이라고 불렀어. 그래서 수은의 화학기호가 Hg가 됐지.

수은은 진사라는 빨간 광물질을 가열해서 추출해. 선사시대 사람들은 동굴 벽화를 그릴 때 진사를 가루로 내서 썼지. 이 사람들은 수은 화합물이 얼마나 독성이 강한지 몰랐을 거야. 르네상스 시대의 화가들도 주홍색 색소에 수은을 사용했어. 옛날에 나온 걸작 미술품 중에는 독성을 띠는 것이 있을 테니 주의해야 해!

어디 있을까

- ☐ 물고기 통조림
- ☐ 오래된 온도계와 기압계
- ☐ 수은등

위험한 물고기들

예전에는 체온계를 만들 때 수은을 썼지만 독성 원소가 들어간 유리관을 입에 물고 있다가 깨지면 위험하다는 사실을 깨달은 이후로는 쓰지 않지. 치과에서도 수은이 들어간 아말감을 쓰긴 하지만 요즘에는 아말감 대신 더 안전한 레진을 주로 쓰고 있어. 수은은 집 안에서 찾기 어려워졌지만, 통조림 물고기에서 그 흔적을 발견할 수 있지. 상어, 황새치, 청새치, 참치 같은 물고기에 수은이 쌓여 있거든. 수은이 들어 있는 작은 생물을 작은 물고기가 잡아먹고, 이 작은 물고기를 더 큰 물고기가 다시 잡아먹기 때문이지. 이런 위험한 물고기들은 자주 먹지 않는 편이 좋겠지!

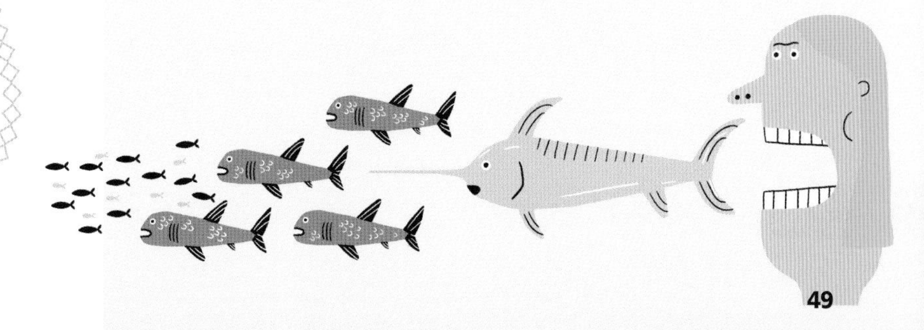

탈륨 Thallium

81 Tl

👁 부드러운 은색 금속
⚠ 독성 높음 ☆ 비밀의 독약

탈륨은 식물과 동물의 몸속으로 아주 쉽게 흡수돼. 우리 몸에도 조금은 들어가 있을 거야(걱정 마. 해를 끼칠 정도는 아닐 테니까!). 탈륨은 소나무에서 찾아볼 수 있어. 소나무는 몸에 탈륨을 쌓아 두는 특기가 있는데, 농도가 높을 땐 100ppm 정도나 된다고 해.

상속의 가루

탈륨과 탈륨염은 모두 독성이 엄청 강해. 그래서 한때는 황산탈륨(Tl_2SO_4)을 쥐약으로 많이 썼지. 이 성분은 맛도 냄새도 없기 때문에 살인자들이 돈 많은 친척을 죽일 때 즐겨 사용했어. 덕분에 '상속의 가루'라는 별명을 얻었지(비소도 그렇게 불려).

납 Lead

82 Pb

👁 부드럽고 밀도 높은 회색 금속
⚠ 독성 있음 ☆ 방수 기능

고대 로마인들은 납으로 파이프를 만들어 물을 제국 곳곳의 도시들로 보냈지. 납의 화학기호 Pb는 납이라는 뜻의 라틴어 '플룸붐(plumbum)'에서 나온 거야. 배관이라는 뜻의 영단어 'plumbing'도 이 라틴어에서 나왔지. 요즘에는 납의 독성이 알려져서 납 대신 구리와 플라스틱으로 파이프를 만들지만 오래된 집의 배관에는 아직 납이 남아 있기도 해. 지붕에 물이 스며들지 않게 방수 처리를 할 때도 납이 쓰이지.

어디 있을까

- 할아버지의 낡은 시계
- 오래된 배관 파이프
- 지붕의 비막이 장치
- 자동차 배터리
- 자동차 바퀴 균형추
- 전기 부품 납땜

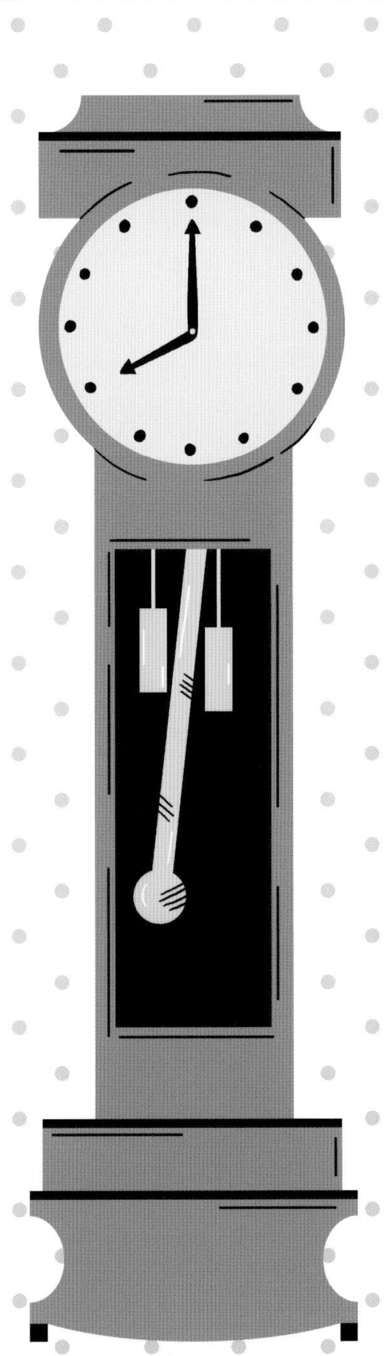

헤비 메탈(중금속)

납은 밀도가 높은 안정적인 원소 중 하나야. 그래서 할아버지 시절에 나온 낡은 시계에는 납으로 추를 만들어 달기도 했지. 납은 녹는점이 낮고 틀에 부어 모양을 만들기가 쉬워서 낚시꾼들이 납으로 봉돌을 만들어 줄을 가라앉히는 데 사용했지. 하지만 백조들이 이것을 먹이로 착각해서 먹고 중독되는 일이 많대. 그래서 납으로 봉돌을 만들지 못하게 한 나라도 있어. 예전에는 자동차 엔진이 부드럽게 돌아가게 하려고 테트라에틸납이라는 첨가물을 휘발유에 넣었었어. 하지만 그러면 독성 배기가스가 나오기 때문에 요즘엔 납이 없는 무연 휘발유를 사용하지.

어떻게 쓰일까

이제는 연료에 납 성분을 넣지 않지만 거의 모든 자동차는 여전히 납이 있어야 달릴 수 있어. 전 세계 납 공급량의 대부분은 자동차에 다는 납 축전지를 만드는 데 들어가지. 그리고 자동차 바퀴가 고르게 잘 돌아가도록 달아 주는 균형추도 납으로 만들어. 그리고 납을 유리에 섞어서 값비싼 납-크리스털 식기를 만들기도 하지. 납은 백랍 그릇의 성분으로 쓰이기도 하고 납땜에도 사용돼. 하지만 독성이 강하기 때문에 납을 다른 것으로 대체할 방법을 계속 연구 중이지.

미스터리 원소 8

방사능 탐정: 치명적인 입자 사건

1800년대 말까지도 거의 모든 사람들은 원자가 더 이상 쪼갤 수 없는 가장 작은 입자라는 고대 그리스의 데모크리토스(기원전 460~370 무렵)의 주장에 여전히 동의하고 있었어.

어디까지 쪼갤 수 있냐고? 원자까지!

하지만 새로운 증거들이 잇따라 등장했지.

1895년에 독일의 물리학자 빌헬름 뢴트겐이 X선을 발견했어. X선은 고전압 방전관에서 만들어지는 보이지 않는 빛이야.

X선으로 손바닥 안을 들여다볼 수 있지.

그는 이 빛의 정체를 알 수 없어서 미지의 존재라는 뜻으로 'X'라고 불렀어.

1년 후에 프랑스의 물리학자 앙리 베크렐은 역청 우라늄석*이라는 광물질에서도 인화지를 흐리게 만드는 보이지 않는 빛이 나온다는 사실을 발견했어.

전기 없이도 이런 일이 일어나다니, 어떻게 된 거지?

*요즘에는 '우라니나이트'라고 해.

사람들은 역청 우라늄석에 우라늄이 들어 있다고 알고 있었어. 1789년에 독일의 화학자 마르틴 클라프로트가 발견한 바로 그 원소 말이야.

천왕성의 이름인 '우라노스'를 따서 이름 지었지.
멋진 이름이군요!

우라늄 = U. 그런데 역청 우라늄석에 든 것이 우라늄뿐이었을까?

마리 퀴리는 베크렐의 연구에 흥미를 느꼈어. 폴란드에서 태어난 마리 퀴리는 역시 위대한 물리학자인 프랑스인 피에르 퀴리와 결혼했지.

마리 퀴리. 1867년 폴란드에서 출생, 1934년 프랑스에서 사망.
피에르 퀴리. 1859년 프랑스에서 출생, 1906년 프랑스에서 사망.

마리는 우라늄에 뭔가 특별한 것이 있음을 깨달았어.

이 광선은 원자 내부에서 오는 것이 틀림없어. 어쩌면 원자를 쪼갤 수 있을지도 몰라!

이 아이디어는 원자론의 돌파구였지.

마리는 순수한 우라늄과 역청 우라늄석을 비교했지. 그랬더니 보이지 않는 방사선이 역청 우라늄석에서 더 많이 나왔어.

이 안에 뭔가 강한 것이 더 있는 것 같아!

그녀의 생각이 옳았지.

1898년 7월, 퀴리 부부는 엄청난 양의 역청 우라늄석을 분석한 끝에 우라늄보다 훨씬 활성이 높은 새로운 원소가 존재한다고 발표했어.

폴로늄(Po)이라 부르기로 했어.
내 조국의 이름을 땄지!

그런데 그게 전부가 아니었어.

불과 다섯 달 후에 두 사람은 역청 우라늄석에서 또 다른 원소를 찾아냈지.

라듐(Ra)이라고 불러.
방사능*이 훨씬 강한 원소야!

*'방사능'이라는 용어도 퀴리 부부가 만들었어.

1903년에 피에르 퀴리와 마리 퀴리는 앙리 베크렐과 함께 방사선 연구의 공로를 인정받아 노벨물리학상을 공동 수상하게 돼.

마리 퀴리는 노벨상을 받은 최초의 여성이었지!

안타깝게도 피에르가 1906년에 교통사고로 사망하는 바람에 마리는 혼자 연구를 진행하게 되지. 1910년에 마리는 마침내 순수한 라듐을 추출해 냈어. 그리고 1911년에는…

다시 노벨상을 받았어. 이번에는 노벨화학상을 단독 수상했지.

서로 다른 두 과학 분야에서 노벨상을 받은 사람은 마리 퀴리밖에 없어. 그리고 아직까지도 노벨상을 두 번 받은 유일한 여성이지.

마리 퀴리는 라듐이 얼마나 위험한지 모르는 채 1934년에 세상을 떠났어. 그녀가 남긴 낡은 실험 노트는 아직도 방사성이 대단히 높아서 납 상자에 보관 중이야. 그걸 보려면 보호 장구를 착용해야 해.

어두운 곳에서도 읽을 수 있겠군.

퀴리 부부의 이름을 딴 원소가 있는데 찾을 수 있겠어?

83 Bi 비스무트 Bismuth

👁 분홍 기운이 도는 은색 금속 ⚠ 안전한 것으로 여겨짐 ☆ 소화불량 치료제

비스무트 화합물은 쉽게 찾을 수 있지. 차살리실산비스무트는 배탈, 소화불량, 설사를 치료하는 분홍색 약물에 들어 있고, 옥시염화비스무트는 고대 이집트 시대부터 여러 가지 화장품에서 사용하는 성분이거든.

매운 닭날개

어디 있을까

- ☐ 분홍색 소화불량 치료제
- ☐ 아이섀도
- ☐ 진주색 매니큐어
- ☐ 얼굴에 바르는 분

84 Po 폴로늄 Polonium

👁 부드러운 은색 금속
⚠ 치명적 ☆ 방사능 살인자

폴로늄부터는 불안정한 원소가 시작돼. 이 원소는 방사성이 워낙 강해서 1마이크로그램(1백만 분의 1그램, 소금 알갱이 한 개 질량의 5백 분의 1)보다 적은 양으로도 사람을 죽일 수 있어. 폴로늄의 동위원소들은 반감기가 모두 짧아서 오래 남아 있지 않아.

어디 있을까

- ☐ 담배 연기 (피해야 해!)
- ☐ 자연계 (아주 조금)

85 At 아스타틴 Astatine

👁 모름(어두운 색깔의 비금속 아닐까?)
⚠ 치명적 ☆ 엄청나게 희귀함

'아스타틴'이란 이름엔 '불안정하다'라는 뜻이 있어. 실제로 그래서, 아스타틴의 모든 동위원소는 방사성이 있고 8시간쯤 만에 비스무트나 폴로늄으로 붕괴하지. 아스타틴은 대개 사람이 만들지만 자연계에서도 우라늄의 방사성 붕괴로 아스타틴이 생겨나.
하지만 지구 위의 자연계 아스타틴은 전부 합쳐도 25그램을 넘기지 않을 거야.

어디 있을까

- ☐ 원자력 실험실
- ☐ 자연계 (아주 조금)

86 Rn 라돈 Radon

👁 색깔도 냄새도 없는 기체
⚠ 치명적 ☆ 보이지 않음

라돈은 비활성 기체이지만 의심스러운 손님이라 피하는 게 상책이야. 라돈은 우라늄과 토륨이 들어 있는 바위에서 자연적으로 만들어지는데 특히 화강암 지역에서 많이 나와. 이렇게 생겨난 라돈은 지하실 같이 낮은 곳에 쌓이기 쉬운데, 실온에서 밀도가 가장 높은 기체가 라돈이기 때문이야. 우리가 매일 노출되는 방사선의 절반 정도가 라돈에서 나온다고 해.

어디 있을까

- ☐ 공기
- ☐ 화강암
- ☐ 일부 토양

87 Fr 프랑슘 Francium

👁 모름(은색 금속 아닐까?)
⚠ 치명적 ☆ 방사성

프랑슘은 아스타틴의 뒤를 이어 지각에서 두 번째로 희귀한 원소이고, 반감기는 22분밖에 안 돼. 그나마 존재하는 것들도 대부분 원자로에서 만들어지지. 뉴욕 대학교에서 프랑슘 원자를 1만 개쯤 만들어 내는 데 성공한 적이 있기는 하지만, 1만 개가 얼마나 되겠어(참고로 소금 알갱이 하나에 무려 12억 개의 10억 배나 되는 원자가 들어 있어!).

어디 있을까

- ☐ 원자로

88 Ra 라듐 Radium

👁 은백색 금속
⚠ 치명적 ☆ 방사성

한때는 라듐을 우리 몸에 좋은 거라 생각해서 탄산수, 화장품, 치약, 목욕물, 심지어는 초콜릿에까지 넣기도 했어. 그리고 어둠 속에서도 시간을 읽을 수 있도록 시계의 야광 숫자판을 라듐과 형광 화합물을 섞어서 칠했지. 지금은 이것이 대단히 위험하다는 것을 알고 있어.

어디 있을까

- ☐ 오래된 야광 시계
- ☐ 화강암

미스터리 원소 9

러더퍼드 탐정: 궤도를 도는 전자 사건

원자와 방사능의 비밀을 파헤치는 데 어느 과학자보다도 큰 역할을 한 사람이 있지.

나는 반쪽짜리 삶이 아니라 충만한 삶을 살았어.

그는 어니스트 러더퍼드야.
1871년 뉴질랜드에서 출생, 1937년에 영국에서 사망.

농부의 아들로 태어난 러더퍼드는 어려서부터 과학에 뛰어난 재능을 보였고, 결국 세계 최고 수준의 연구소에 들어가게 됐지.

마침내 들어왔다!

(캠브리지 대학교의 캐번디시 연구소)

그곳에는 위대한 물리학자 조지프 톰슨이 있었지. 1897년에 최초의 아원자 입자인 전자를 발견한 사람 말이야.

음극선은 전자의 흐름이야!

사람들은 원자가 더 작은 존재로 이루어졌을지도 모른다는 사실을 깨닫기 시작했어.

톰슨은 전자가 양전하를 띤 구체 속에 흩뿌려져 원자를 형성한다고 생각했지.

하지만 나중에 러더퍼드가 입증해 보인 대로 이것은 틀린 생각이었어.

한편 캐나다로 건너간 러더퍼드는 우라늄 원소가 알려지지 않았던 두 가지 유형의 방사선을 방출한다는 걸 발견하지.

이 둘을 알파선과 베타선이라 부르겠어!

물론 그리스 알파벳의 첫 두 글자에서 따온 이름이야.

그는 화학자 프레더릭 소디와 함께 연구했지. 두 사람은 원자가 실제로 변할 수 있고, 그 과정에서 방사선을 방출한다는 급진적인 아이디어를 냈어.

원자도 쪼개질 수 있었어!
데모크리토스가 틀렸군!

이 사실을 증명하는 데 2천 년이나 걸린 거지.

러더퍼드는 투과성이 대단히 높은 세 번째 유형의 방사선을 발견해. 이번에는 라듐에서 나오는 것이었지.

내가 이것을 뭐라고 불렀게?

감마선이야. 그리스 알파벳의 세 번째 글자에서 따온 이름이지.

항상 바빴던 러더퍼드는 영국으로 돌아와. 그러고서 1907년에 알파선이 사실은 헬륨 원자에서 전자가 빠진 것임을 입증했어. 이 발견이 또 하나의 돌파구가 됐지.

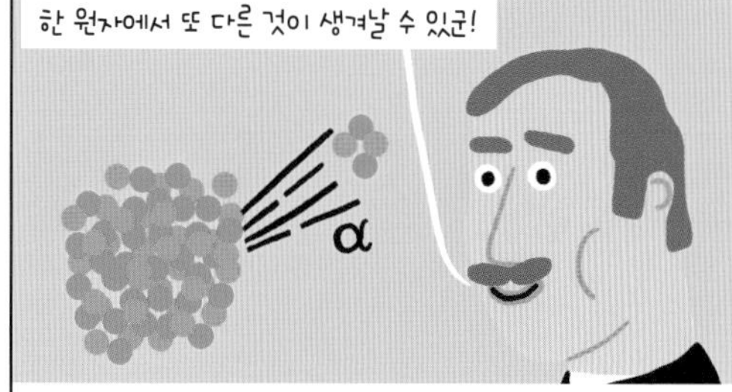

한 원자에서 또 다른 것이 생겨날 수 있군!
α

그리고 러더퍼드는 또 다른 의문을 품어.

1908년에 노벨상을 받은 후에 그는 얇은 금박을 알파입자로 때리는 실험을 시작해. 알파입자들은 대부분 금박을 똑바로 관통했지만, 몇몇은 무언가에 부딪혀 튕긴 듯이 굴절됐어.

무언가 중요한 걸 발견한 것 같아!

러더퍼드는 건포도 푸딩 모형을 끝장냈지.

러더퍼드는 원자가 대부분 텅 빈 공간으로 되어 있다고 생각했어. 원자핵은 작은 공간 속에 밀집되어 있고 그 주변으로 전자들이 궤도를 그리며 돈다고 생각했지.

그런데 원자핵은 무엇으로 이루어져 있을까?

1920년에 러더퍼드는 수소 원자핵이 양전하를 띤 입자라고 주장하며 이 입자를 '양성자'라고 불렀어. 그리고 1932년에는 그의 동료이던 제임스 채드윅이 '중성자'를 발견했지.

덕분에 '지미 뉴트론'*이라는 별명이 생겼어!

*제임스 = 지미, 뉴트론(neutron) = 중성자

러더퍼드는 핵물리학의 아버지로 일컬어지고 있어. 그는 1937년에 사망했고 유골은 웨스트민스터 사원에 묻혔지. 위대한 과학자 아이작 뉴턴 경과 가까운 곳에. 얼마 전 스티븐 호킹과도 이웃이 되었다고 해.

1997년에는 그의 이름을 따서 새로운 원소에 이름을 붙였어. 주기율표에서 그 원소를 찾을 수 있겠어?

란타넘족

주기율표 아래쪽에는 가로줄 두 개를 마련해서 원소들을 따로 모아 놓은 비밀의 방이 있지. 첫 번째 줄은 바륨의 뒤를 잇는 원소들이고 원자번호 57번부터 71번까지 모여 있어. 이것을 란타넘족이라고 해.

란타넘 Lanthanum

57 La

👁 부드러운 은백색 금속
⚠ 중간 독성 ☆ 소형 카메라

란타넘은 최첨단 시대에 날이 갈수록 중요해지고 있어. 란타넘은 스마트폰에 들어갈 수 있을 정도로 작은 카메라 렌즈를 만드는 데도 사용되고, 노트북에 들어가는 충전용 배터리에서도 중요한 역할을 담당하지.

📍 스마트폰 렌즈, 노트북 배터리, 하이브리드 자동차 배터리

세륨 Cerium

58 Ce

👁 부드러운 회색 금속 ⚠ 독성 없음 ☆ 뛰어난 발명가

세륨 화합물은 LED/LCD 텔레비전과 절전형 전구에서 찾아볼 수 있어. 산화세륨(CeO_2)은 자동 청소 기능이 있는 오븐의 내부를 코팅할 때 사용해. 황화세륨(Ce_2S_3)은 장난감에 사용하는 안전한 빨간색, 노란색 페인트를 만드는 데 쓰지.

📍 LED/LCD 텔레비전, 절전형 전구, 라이터 부싯돌, 촉매 변환 장치, 자동 청소 오븐, 장난감

프라세오디뮴 Praseodymium

59 Pr

👁 부드러운 은색 금속
⚠ 낮은 독성 ☆ 빛을 잘 걸러 냄

프라세오디뮴을 유리에 첨가하면 우리가 따뜻한 빛으로 느끼는 적외선을 걸러 줘. 그래서 용접공이나 유리 직공이 쓰는 보호안경 렌즈에 네오디뮴과 함께 첨가해 주지.

📍 라이터 부싯돌, 노란색 큐빅 지르코니아 보석

네오디뮴 Neodymium

60 Nd

👁 은백색 금속
⚠ 중간 독성 ☆ 강한 자성

네오디뮴을 붕소와 함께 철에 첨가해 주면 크기는 작아도 성능은 뛰어난 자석이 만들어지지. 이 자석을 이어폰이나 스마트폰 스피커에 쓰기도 해. 네오디뮴은 유리에 보라색을 넣을 때도 쓰지.

📍 이어폰, 스마트폰 스피커, 보라색 유리

프로메튬 Promethium

61 Pm

👁 은색 금속 ⚠ 방사성 ☆ 신비의 원소

프로메튬은 신비의 금속이야. 란타넘족 원소로는 특이하게 방사성이 있지. 프로메튬은 실험실에서 만들어 낼 수 있어. 그리고 분홍색 기운이 도는 프로메튬염은 초록색 불빛을 내지. 이 원소는 고에너지 입자인 '베타입자'를 방출해. 베타입자는 천의 두께를 확인하는 공업용 장치에 쓰이기도 하지.

📍 실험실, 이 원소에 노출된 종이도 있음

사마륨 Samarium

62 Sm

👁 은색 금속 ⚠ 아주 낮은 독성 ☆ 강한 자성

네오디뮴처럼 사마륨도 평범한 철자석보다 1만 배 더 강한 자석을 만들어 내지. 이 자석은 최고급 헤드폰이나 MP3 플레이어, 그리고 전자기타의 무잡음 픽업 등에 사용돼. 픽업은 진동을 전기 신호로 바꿔 주는 장치야.

📍 헤드폰, MP3 플레이어, 아이팟, 전자기타 픽업

유로퓸 Europium

63 Eu

👁 부드러운 은색 금속 ⚠ 아주 낮은 독성
☆ 위조지폐 방지

유로화 지폐는 인쇄에 사용한 잉크에 유로퓸이 숨어 있어서 위조하기가 어려워. 유로퓸은 자외선을 비추면 어떤 화합물이냐에 따라 빨간색이나 파란색으로 빛을 내거든.

📍 유로화 지폐, 오래된 텔레비전 화면, 절전형 전구

64 Gd 가돌리늄 Gadolinium

👁 은백색 금속
⚠ 중간 독성 ☆ 뛰어난 스캐너

가돌리늄은 우리 몸 안을 보는 데 사용되는 자기공명영상(MRI) 장치를 비롯한 최첨단 의료 장비에서 아주 중요한 역할을 하고 있지.

📍 MRI 장치, 텔레비전의 초록색 인광체

65 Tb 터븀 Terbium

👁 부드러운 은색 금속
⚠ 아주 낮은 독성 ☆ 초록빛 전달자

'터븀'이라는 이름은 스웨덴의 위테르뷔 마을 이름에서 따왔어. 이 마을의 광산에서 캐낸 광물질에서 터븀을 비롯한 여러 가지 원소들이 발견됐거든. 터븀은 절전형 전구에서 초록빛을 만드는 데 쓰여. 이 초록빛을 빨간빛, 파란빛과 섞으면 하얀빛이 되지.

📍 절전형 전구

66 Dy 디스프로슘 Dysprosium

👁 부드러운 은색 금속
⚠ 아주 낮은 독성 ☆ 풍력 발전기

일부 디스프로슘은 핵 발전소에서 원자로의 온도를 조절하는 제어봉에 쓰이지. 풍력 발전용 터빈에도 높은 열에 견딜 수 있는 철-디스프로슘 합금 자석이 들어 있어.

📍 핵 발전소, 풍력 발전용 터빈

67 Ho 홀뮴 Holmium

👁 부드러운 은색 금속 ⚠ 독성 없음 ☆ 화려한 색깔

홀뮴은 지각에서 은보다 20배나 풍부하게 존재하는 원소지만 원자로에서 말고는 별로 쓸모가 없어. 산화홀뮴(Ho_2O_3)은 유리나 큐빅 지르코니아 보석에 빨간색이나 노란색을 더해 주지.

📍 큐빅 지르코니아 보석, 유리, 원자로

68 Er 어븀 Erbium

👁 부드러운 은색 금속
⚠ 순한 독성 ☆ 슈퍼 정보 전달자

어븀 역시 위테르뷔 마을에서 이름을 따왔어. 핵 발전소의 제어봉에 사용된 어븀은 중성자를 흡수해서 원자로를 안정시키지. 산화어븀(Er_2O_3)은 보석에 분홍색을 더해 주고 광섬유 케이블의 성능을 높여 줘.

📍 핵 발전소, 광섬유 케이블, 분홍색 큐빅 지르코니아 보석

69 Tm 툴륨 Thulium

👁 은회색 금속 ⚠ 독성 없음 ☆ X선 장치

툴륨은 야외 응급 상황에서 사용되는 휴대용 X선 장치에서 X선 광원으로 쓰여. 그리고 자외선을 비추면 초록빛을 내지. 그래서 유로퓸과 마찬가지로 유로화 지폐에 들어가 위조지폐 감별 역할을 하고 있어.

📍 유로화 지폐, X선 장치

70 Yb 이터븀 Ytterbium

👁 부드러운 은색 금속 ⚠ 아주 낮은 독성 ☆ 알려진 용도 없음

이 원소의 이름이 어디서 왔는지 알아맞혀 볼래? 이터븀은 연구실에서 말고는 거의 쓸모가 없어. 이 원소를 반드시 추적해야겠다면 아주 뛰어난 과학자가 되거나 스웨덴의 위테르뷔 마을을 찾아가야 할 거야!

📍 과학 실험실, 위테르뷔 마을 광산

71 Lu 루테튬 Lutetium

👁 단단한 은색 금속
⚠ 아주 낮은 독성 ☆ 운석의 연대 측정

루테튬은 의료 현장에서 특별하게 쓰이기도 하지만 대부분은 과학 실험실을 떠돌아다니지. 그 동위원소 중 하나인 루테튬-176은 반감기가 380억 년쯤 돼서 운석의 연대를 측정할 때 이용돼.

📍 과학 실험실, 운석

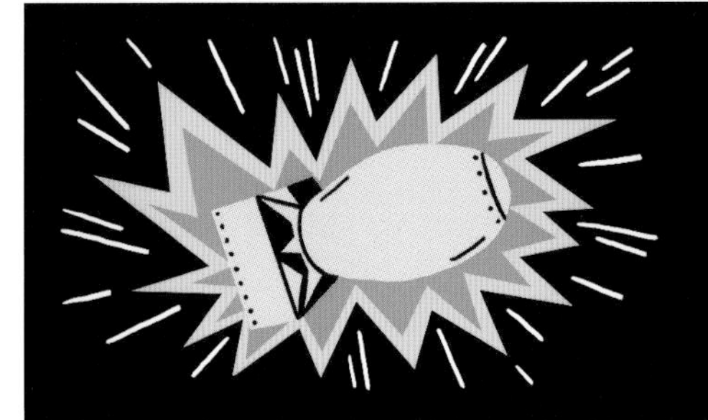

미스터리 원소

맨해튼 프로젝트 탐정: 원자폭탄 사건

알다시피 옛날에는 자연에 존재하는 여러 가지 원소들이 고대인들에게 우연히 발견됐지.

일부는 연금술사들이 우연히 발견했고.

그리고 험프리 데이비가 일부러 찾아낸 것도 많지.

7개는 내가 찾아낸 거야!

물론 다른 위대한 화학자들이 찾아낸 것도 있어.

핵물리학*이 탄생한 뒤로는 입자들을 쪼개기도 하고 결합하기도 하면서 여러 가 인공 원소들이 만들어졌지.

원자들끼리 충돌시킨다고?
응. 꽤 사랑스러운 녀석들이야.

*〈미스터리 원소 9〉를 참고해.

과학에서 가장 유명한 공식인 $E=mc^2$으로 계산해 보면, 이 과정에서 엄청난 양의 에너지가 나온다는 걸 알 수 있지.

1879년 독일에서 출생, 1955년에 미국에서 사망

이 연구로 오토 한은 1944년에 노벨화학상을 받았지만 리제 마이트너는 받지 못했어. 많은 사람들이 이를 부당하다 생각했지.

오토 한은 위대한 화학자이지만 그의 이름을 딴 원소는 없어. 하지만 나는 있다구!

그 원소를 찾을 수 있겠어?

과학자들은 핵분열을 이용해서 원자폭탄을 만들 수 있음을 깨달았지. 2차 세계대전이 일어나자 연합국*에서는 나치 독일보다 원자폭탄을 빨리 만들어 내기 위해 열을 올리지. 이들의 1급 기밀 프로젝트를 이렇게 불렀어.

*미국, 영국, 캐나다…

이 프로젝트에는 당대 최고의 핵 과학자들 참여했지. 그중에는 에드윈 맥밀런도 있었

1940년에 나는 최초의 초우라늄원소인 93번 원소를 만들어 냈어. 지금은 이것을 넵투늄*이라고 부르지.

1907년 미국에서 출생, 1991년에 미국에서

*해왕성의 이름 '넵튠'을 따서 지은 이름이 (58쪽을 참고해).

플루토늄을 만들어 낸 것은 맨해튼 프로젝트에서 아주 중요한 사건이었어. 1945년 8월 9일에 일본 나가사키에 떨어진 원자폭탄은 이것을 연료로 해서 만들었지.

이것으로 일본과의 전쟁은 끝났지만 7만 명이 넘는 사람이 죽었고, 그중 대부분은 민간인이었어.

이것이 무력 충돌에 핵무기가 사용된 마지막 사건이야. 지금까지는…

이 프로젝트 팀에 속한 또 다른 최고의 물리학자로는 앨버트 기오르소가 있어.

그냥 편하게 '앨'이라고 불러.

1915년 미국에서 출생, 2010년 미국에서 사망

시보그와 기오르소는 새로운 원소*를 2개 더 만들어 내지. 하지만 전쟁 때문에 비밀 부쳐야 했어.

*95번 아메리슘과 96번 퀴륨이야(58~59 쪽을 참고해).

기오르소가 발견한 원소들 중 6개는 다른 과학자들의 이름을 땄어.

(어니스트 러더퍼드, 글렌 시보그, 드미트리 멘델레예프, 엔리코 페르미, 알베르트 아인슈타인, 어니스트 로렌스)

새로운 원소들은 아직도 전 세계에서 만들어지고 있어. 때로는 불과 몇 개의 원자가 존재했다가 1초도 안 돼서 사라져 버리지.

어디 간 거야?

116번 리버모륨은 반감기가 60밀리초(1천분의 1초 X 60)밖에 안 돼!

새로운 발견은 취리히와 시카고에 본부를 둔 국제 순수·응용 화학 연합의 승인을 받아야 해.

간단하게 약자로 IUPAC라고 부르지.

새로운 원소의 이름도 여기서 정해.

저기 띨띨이로 이름 붙여도 될까요? 삼돌이는요? 만득이는요?
안 됩니다!

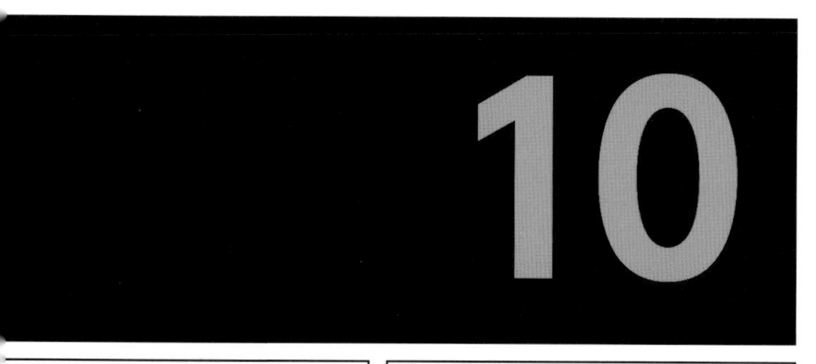

원자 쪼개기

자연에는 존재하지 않지만 실험실에서 사람이 만들어 낸 원소를 '인공 원소'라고 불러. 아메리슘을 비롯해서 그보다 원자번호가 큰 원소들이 모두 인공 원소이지. 이 원소들은 모두 불안정해서 원자핵이 변하면서(붕괴) 위험한 성질을 품은 방사선을 만들어 내지. 이 방사선은 가이거 계수기 같은 특별한 장치로 측정할 수 있어.

ː스트리아 출신의 스웨덴 물리학자 리제 ·이트너와 독일의 화학자 오토 한은 ː로 원자를 쪼갰지.

리가 원자를 쪼갰어.
둘이 함께 했지!

ː제 마이트너, 1878~1968
ː토 한, 1879~1968

1938년에 마이트너가 돕는 가운데 한이 우라늄 원자를 향해 중성자를 발사했어. 우라늄 원자핵은 중성자를 하나 흡수하고 더 작은 원자들로 쪼개졌지.

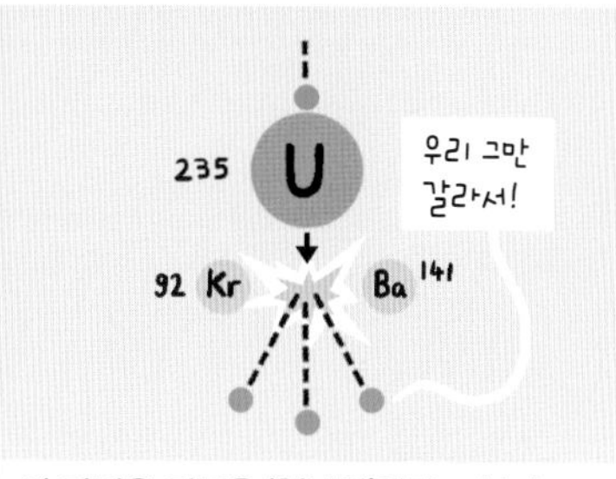

우리 그만 갈라서!

이 과정을 지금은 '핵분열'이라고 불러.

ː리고 글렌 시보그도 있었지.

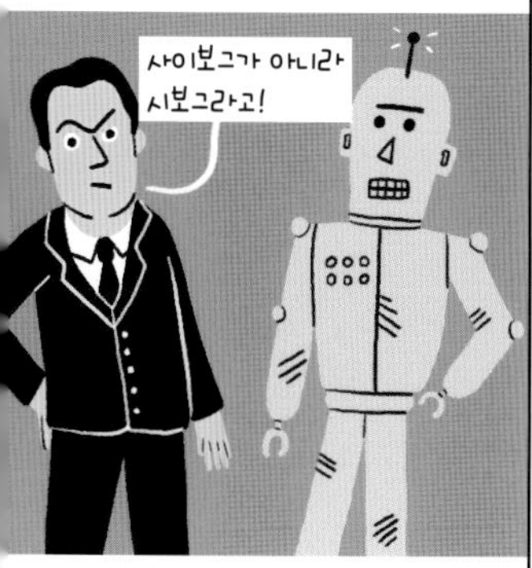

사이보그가 아니라 시보그라고!

2년 미국에서 출생, 1999년에 미국에서 사망

1940년에 시보그는 맥밀란을 비롯한 다른 연구자들과 함께 고속의 수소 원자로 우라늄을 때려서 새로운 94번 원소를 만들어 내는 데 성공하지.

명왕성의 이름 '플루토'를 따서 플루토늄이라 부르자.
그거 좋지!

ː지만 전쟁이 끝난 후로는 거칠 것이 ː었지.

는 새로운 원소 10개를 공동으로 발견했어!
나는 12개를 공동으로 발견했지!

원소들은 58~60쪽에 모두 나와 있어.

앨버트 기오르소는 원소를 가장 많이 찾아낸 사람으로 아직까지 남아 있지.

패배를 인정해요!

기오르소 12

ː 있는 사람 중에 원소 만들기 최고의 ː은 러시아 두브나 합동 핵 연구소의 ː 오가네시안이야.

지금까지 5개를 공동으로 발견했죠.
아하, 내가 이겼군요!

ː 있는 사람 중에 자기 이름을 딴 ː가 있는 사람은 유리뿐이야. 무엇인지 ː 수 있겠어?

더 많은 새로운 원소가 계속해서 만들어질 거야. 이건 분명한 사실이야. 어쩌면 언젠가 여러분이 하나를 발견하게 될지도 모르지! 그런데 그 원소를 뭐라고 부르고 싶어?

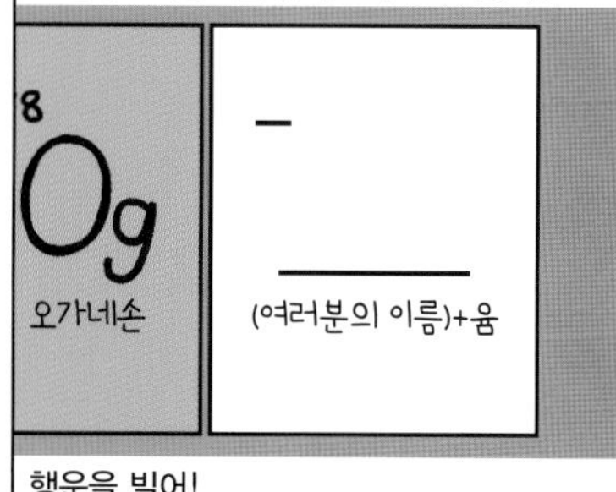

(여러분의 이름)+윰

행운을 빌어!

흥미로운 동위원소

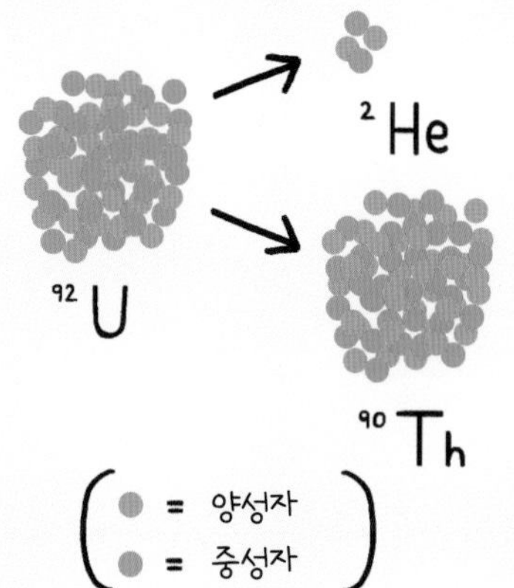

양성자 수는 똑같은데 중성자 수가 다른 원소를 '동위원소'라고 불러. 우라늄도 몇 가지 동위원소가 있는데 원자핵 속에 양성자 수는 모두 92개로 똑같지만 중성자 수는 140개에서 146개까지 들어 있지. 우라늄-235는 중성자가 143개지만 불안정한 원자핵이 양성자 2개와 중성자 2개로 이루어진 방사능 알파입자를 방출하면서 붕괴하지. 92번 우라늄은 양성자를 2개 잃고 90번 토륨이 돼. 아주 위험한 신분 세탁 과정이지!

세 가지를 조심할 것

방사능 원소의 원자핵에서는 세 가지 유형의 방사선이 만들어져. 이것들 모두 이온(9쪽을 참고해)을 만들어서 세포를 손상시키고 생명 과정을 방해해서 해를 입힐 수 있지. 이 세 가지 모두 피하는 것이 상책이야!

어른한테 부탁해서 연기 감지기 안을 보여 달라고 해 봐. 아메리슘이 들어 있는 부품에 방사능 표지가 붙어 있을 거야!

사건 발생 — 알파입자 알람 경보 사건

모든 집에는 화재 발생을 알려 주는 연기 감지기를 반드시 설치해야 해. 이 장치 안에는 방사성이 있는 아메리슘(58쪽 참고)이 아주 조금 들었지. 아메리슘 원자는 계속 붕괴하면서 알파입자를 방출하는데 이 알파입자가 경보기 안쪽의 작은 틈을 계속 뛰어넘어 가서 전기회로의 흐름을 유지하지. 그런데 연기 감지기 안에 연기가 들어오면 알파입자가 방해를 받아서 전기회로가 차단돼. 그때 알람 경보가 울리는 거야.

악티늄족

주기율표에서 두 번째 비밀의 문을 열면 라듐 다음의 원소들이 숨어 있는 줄이 나타나지. 이 줄은 원자번호(양성자의 개수)가 89에서 103까지 이어져. 이 원소들을 악티늄족이라고 하는데 모두 방사능이 있어서 우리에게 해를 끼칠 수 있지.

어디 있을까

89 Ac 악티늄 Actinium

👁 부드러운 은백색 금속
⚠ 방사능 ☆ 어둠에서 빛을 냄

우라늄광이 방사성 붕괴를 할 때 악티늄이 아주 조금 만들어지지. 악티늄은 알파입자를 방출하고, 이 입자는 공기를 이온화시켜. 그래서 이 원소는 어두운 곳에서 연한 푸른빛을 내지. 아주 위험한 원소지만 집에는 없어서 다행이야!

📍 원자로, 실험실

90 Th 토륨 Thorium

👁 부드러운 은색 금속
⚠ 약한 방사능 ☆ 빛 전달자

토륨은 방사능이 있어서 피하는 게 상책이지만 산화토륨(ThO_2)은 캠핑용 가스램프의 주머니 모양 심지를 만드는 데 사용해. 이 심지에 불을 붙이면 따뜻한 느낌이 나는 밝은 빛을 내지.

📍 흙, 캠핑용 가스램프, 화강암 주방 조리대

91 Pa 프로트악티늄 Protactinium

👁 밀도가 높은 은색 금속
⚠ 강한 방사능 ☆ 모름

프로트악티늄은 붕괴해서 악티늄으로 변하기 때문에 이런 이름을 갖게 됐어. 이 이름은 악티늄의 '처음' 또는 악티늄의 '앞'이라는 의미의 그리스어에서 왔지. 프로트악티늄은 양도 적고 어떤 쓸모가 있는지도 몰라.

📍 우라늄광, 원자로

92 U 우라늄 Uranium

👁 은색 금속 ⚠ 방사능 ☆ 강력한 파괴력

방사능에 대해 아무것도 모르던 고대 로마인들은 방사능이 있는 우라늄염으로 유리에 예쁜 노란색 물을 들였지. 그리 오래되지 않은 1940년대까지만 해도 미국의 한 회사는 식기에 밝은 빨간색을 낼 때 산화우라늄을 이용했어. 요즘에는 우라늄을 원자로와 무기에 사용해.

📍 로마 시대의 유리 식기, 골동품 오지그릇, 원자로

93 Np 넵투늄 Neptunium

👁 은색 금속 ⚠ 방사능 ☆ 다른 원소를 만듦

넵투늄은 첫 번째 초우라늄 원소야. 초우라늄 원소란 주기율표에서 우라늄 다음으로 나오는 모든 원소를 말하지. 이 원소들은 모두 불안정하고 방사능을 띠고 있어. 넵투늄은 실험실과 원자로에서 만들어지고, 다른 초우라늄 원소를 만드는 데 쓰이지.

📍 원자로, 실험실

94 Pu 플루토늄 Plutonium

👁 은색 금속 ⚠ 강한 방사능 ☆ 우주여행을 함

행성의 이름을 따서 붙인 원소들 중 세 번째로 나오는 플루토늄(명왕성을 '플루토'라고 함)은 원자로에서 우라늄에 중성자를 퍼부어서 만들어. 플루토늄은 수만 년 동안이나 위험한 핵폐기물로 남아 있지.

📍 원자로, 실험실

95 Am 아메리슘 Americium

👁 은색 금속 ⚠ 방사능 ☆ 연기 감지기

아메리슘은 1944년에 미국의 물질 발명가 글렌 시보그가 처음 만들어 냈지. 아메리슘은 원자로에서 아주 적은 양만 추출하는 것이라서 아주 위험하고 값도 비싸. 하지만 아메리슘은 우리를 안전하게 보호하는 중요한 역할을 하고 있지(57쪽을 참고해).

📍 원자로, 핵무기, 연기 감지기

96 Cm 퀴륨 Curium

◉ 은색 금속 ⚠ 방사능 ☆ 우주여행을 함

피에르 퀴리와 마리 퀴리를 기리기 위해 두 사람의 이름을 따서 붙인 퀴륨은 원자로에서 1년에 겨우 몇 그램 정도만 만들어지지. 퀴륨은 우주선의 동력원으로 사용되고 있어. 따라서 이 원소를 추적하는 탐정은 별들이 있는 곳으로 눈을 돌려야 할 거야!

📍 원자로, 우주선

97 Bk 버클륨 Berkelium

◉ 은백색 금속
⚠ 강한 방사능 ☆ 중금속을 만드는 재료

버클륨은 캘리포니아 대학교 방사선 연구소가 있는 캘리포니아 버클리의 이름을 땄어. 지금까지 50년 동안 만들어진 버클륨을 모두 합쳐도 1그램을 겨우 넘길 거야. 이 원소는 연구와 중금속 만들기에 쓰이지.

📍 캘리포니아의 한 실험실

98 Cf 캘리포늄 Californium

◉ 부드러운 은색 금속
⚠ 방사능 ☆ 중성자를 만드는 재료

캘리포늄은 버클륨과 같은 장소에서 이름을 따왔어. 실험실과 원자로에서 아주 조금만 만들어지고, 중성자를 만드는 재료로 쓰여. 가끔은 다른 인공 원소를 만드는 데도 사용돼.

📍 실험실, 원자로

99 Es 아인슈타이늄 Einsteinium

◉ 부드러운 은색 금속
⚠ 방사능 ☆ 핵무기를 반대한 천재

일부 아인슈타이늄은 1952년 최초의 수소폭탄 실험에서 생겨난 낙진에서 검출됐지. 역설적이게도 이 원소의 이름은 핵무기를 반대한 천재 물리학자 알베르트 아인슈타인의 이름을 따서 지어졌어.

📍 원자로

100 Fm 페르뮴 Fermium

◉ 은색 금속 ⚠ 방사능 ☆ 엄청나게 희귀함

맨해튼 프로젝트에 참여한 과학자 엔리코 페르미의 이름을 딴 이 원소는 실험실과 원자로에서 1년에 만들어지는 양이 1백만 분의 1그램에도 못 미쳐. 초우라늄 원소 중에서 맨눈으로 볼 수 있을 정도의 양이 만들어지는 것은 이것이 마지막이야.

📍 원자로, 실험실

101 Md 멘델레븀 Mendelevium

◉ 모름 ⚠ 방사능 ☆ 수수께끼 물질

드미트리 멘델레예프의 이름을 딴 원소야. 지금까지 눈으로 확인 가능할 만큼의 멘델레븀은 만들어져 본 적이 없어. 이 원소를 발견한 미국인 과학자가 러시아 화학자의 이름을 따서 원소 이름을 지었다는 것이 참 놀라워. 그때만 해도 구소련과 미국이 엄청난 라이벌 관계였거든!

📍 없다고 봐야 함

102 No 노벨륨 Nobelium

◉ 모름 ⚠ 방사능 ☆ 사라지기의 명수

노벨상을 만든 알프레드 노벨의 이름을 딴 원소야. 지금까지 만들어진 노벨륨은 원자 몇 개에 불과하고, 가장 안정적인 동위원소조차 반감기가 1시간이 채 못 되지. 오직 실험실에만 존재하는 원소야.

📍 핵 실험실

103 Lr 로렌슘 Lawrencium

◉ 모름 ⚠ 방사능 ☆ 엄청나게 희귀함

로렌슘이란 이름은 사이클론 입자 가속기를 발명해서 노벨상을 수상한 미국의 물리학자 어니스트 로렌스의 이름을 따서 지어졌어. 지금까지 이 원자는 거의 만들어져 본 적이 없지.

📍 핵 실험실

주기율표 마지막 줄

원소 탐정들! 이제 주기율표로 돌아가서 마지막 줄을 볼까. 로렌슘 다음에 나오는 원소의 원자들은 모두 정말로 크고, 불안정하고, 방사능도 강하지. 원자번호는 104번 러더포듐에서 시작해서 그 끝은 음… 누구도 모르지. 똑똑한 과학자들이 계속해서 입자들을 충돌시켜 점점 더 무거운 원자들을 만들어 내고 있으니 이 표가 어디까지 이어질지는 아무도 몰라. 지금은 오가네손이 마지막 자리를 차지하고 있는데 지금까지 감지된 오가네손 원자는 겨우 5개에 불과해. 그리고 오가네손의 반감기는 1백만 분의 1초도 안 되지.

원소 이름과 기호		원자 번호	이름을 딴 대상	발견 년도
러더포듐	Rf	104	뉴질랜드 물리학자 어니스트 러더퍼드	1964
두브늄	Db	105	러시아 합동 핵 연구소가 있는 두브나	1968
시보귬	Sg	106	미국 물리학자 글렌 시보그	1974
보륨	Bh	107	덴마크 물리학자 닐스 보어	1981
하슘	Hs	108	독일 헤센 주	1984
마이트너륨	Mt	109	오스트리아 출신의 스웨덴 물리학자 리제 마이트너	1982
다름슈타튬	Ds	110	독일 다름슈타트	1994
뢴트게늄	Rg	111	독일 물리학자 빌헬름 뢴트겐	1994
코페르니슘	Cn	112	천문학자 니콜라우스 코페르니쿠스	1996
니호늄	Nh	113	일본의 옛 이름	2004
플레로븀	Fl	114	러시아 물리학자 게오르기 플료로프	1998
모스코븀	Mc	115	러시아 모스크바	2003
리버모륨	Lv	116	미국 리버모어 국립연구소	2000
테네신	Ts	117	미국 테네시 주	2010
오가네손	Og	118	러시아 핵물리학자 유리 오가네시안	2006

눈 깜짝할 사이 동안 존재했다가 사라지는 것일지라도 분명 더 많은 새로운 원소들이 만들어질 거야. 어쩌면 여러분이 그것을 발견할 주인공이 될지도 모르지. 119번 원소는 벌써 임시로 사용하는 원소 이름과 기호가 있어. 이름은 우누넨늄이고 기호는 'Une'이지. 하지만 이 원소가 언젠가 갖게 될 진짜 이름을 한번 상상해 봐.

수수께끼 물질

만약 여러분이 아주 먼 미래에 이 책을 다시 읽게 된다면 이 마지막 페이지를 보면서 웃을지도 몰라. 지금부터 100년 뒤나 그보다 앞서서, 사람들은 지금을 되돌아보며 '그때는 우리가 우주에 대해 아는 것이 왜 그렇게 적었을까?' 하고 이상하게 여길지도 모르니까. 앞에서 살펴본 것들은 모두 우리가 그 존재를 알고 있고, 관찰할 수도 있고, 몇 천 년 후에는 제대로 이해하게 될 물질들에 관한 내용이지. 하지만 우주에는 그것 말고도 더 많은 것이 존재해.

과학자들이 계산을 해 보니 우주는 원소로 이루어진 일반물질만으로는 설명할 수 없는 큰 질량을 갖고 있었어. 사실 과학자들은 일반물질은 우주 전체의 5퍼센트도 안 된다고 믿고 있지. 5퍼센트면 이 위에 있는 주기율표가 61쪽 전체 넓이에서 차지하는 비율과 비슷한 값이야. 그 나머지는 암흑물질(27퍼센트쯤)과 암흑에너지(68퍼센트쯤)지. '암흑'이라고 부르는 이유는 이것을 아직은 직접 관찰할 수 없기 때문이야. 그냥 이것이 우주의 물체에 끼치는 영향만 간접으로 확인할 수 있지.

암흑물질과 암흑에너지의 정체는 수수께끼로 남아 있어. 어쩌면 언젠가 여러분이 그 비밀을 밝혀내는 주인공이 될지도 모르지. 즐겁게 찾아봐. 행운을 빌어!

용어 설명

가연성: 불이 붙을 수 있는 성질.

감마선(γ): 원자핵이 파괴될 때 만들어지는 전자기선. 알파선, 베타선과 달리 감마선은 입자가 아니지만, 마찬가지로 생명체에 해를 입힐 수 있다.

결합: 원자, 이온, 분자 들을 한데 붙잡아 주는 끌어당기는 힘 또는 그 맺음. 결합의 종류로는 원자들이 전자를 공유하는 공유결합, 이온들 사이의 반대 전하가 서로를 끌어당겨서 결합을 이루는 이온결합, 자유롭게 흘러 다니는 전자의 '바다' 속에 양전하 이온이 들어 있는 금속결합이 있다. 수소결합은 개별 분자 속의 서로 다른 부분들끼리 끌어당길 때 일어난다.

광석: 광산에서 캐내어 처리 과정을 거쳐 귀하고 유용한 물질을 추출할 수 있는 천연 물질. 예를 들어 보크사이트 광석에서는 알루미늄을 추출한다.

금속: 주기율표에 나와 있는 원소들 대다수는 금속이다. 보통 반짝이는 고체이고 열과 전기를 잘 전달한다. 수은은 금속이면서도 실온에서 액체라는 점에서 독특하다.

기체: 기체의 원자나 분자는 서로 독립해서 움직일 수 있고, 팽창해서 자신이 들어 있는 공간을 채울 수도 있다. 공기는 다양한 기체들의 혼합물이다.

단백질: 아미노산 사슬로 이루어진 커다란 분자. 우리 몸을 만들고 운영하는 데 도움을 주고, 모든 생명체에 꼭 필요한 성분이다. 근육이나 동물의 털 등에 들어 있다.

동소체: 원소는 같지만 원자가 다르게 배열되어 다른 형태를 띠는 것. 동소체별로 특성이 아주 다를 때가 많다. 예를 들어 흑연과 다이아몬드는 탄소의 동소체이다.

동위원소: 양성자 수(원자번호)는 같지만 중성자 수가 다른 원소.

방사능: 원자핵이 깨지면서 방사성 입자나 방사선이 방출되는 것.

베타입자(β): 중성자가 양성자와 전자로 바뀔 때 원자핵에서 방출되는 고속, 고에너지의 전자. 베타입자도 살아 있는 조직에 해를 입힐 수 있다.

부식제: 접촉했을 때 피부에 화상을 입히거나 다른 물질을 부식시키는 화학 물질.

분자: 단일 원소나 다양한 원소들의 원자가 둘 이상 결합되어 있는 상태.

비타민: 건강을 유지하기 위해서는 반드시 소량으로 몸속에 존재해야 하는 물질. '생명 유지에 필요한 미네랄(vital mineral)'에서 따온 이름이다.

비활성: 화학적으로 반응하지 않는 성질.

아미노산: 함께 긴 사슬로 연결되어 단백질을 만드는 작은 화학 구성 요소.

알파입자(α): 원자핵이 붕괴할 때 만들어지는 방사성 입자. 2개의 양성자와 2개의 중성자로 이루어져 있고 헬륨의 원자핵과 동일하다. 알파입자는 살아 있는 조직에 해를 줄 수 있다.

암흑물질: 과학자들이 우주의 본질을 설명하기 위해 제안한, 이론에서만 존재하는 물질. 일반물질과는 다르며, 아직까지 직접 관찰된 적이 없어서 암흑물질이라 부른다.

암흑에너지: 과학자들이 우주의 질량 대부분을 차지한다고 추측하는 에너지로 아직은 정체가 밝혀지지 않았다.

액체: 분자나 원자 들이 부피는 고정되어 있지만 용기의 모양에 맞게 흘러들어가 그 공간을 채울 수 있는 물질 상태.

양성자: 원자핵 속에 들어 있는 아원자 입자(원자보다 작거나, 원자를 구성하는 입자)로, 양전하를 띠고 있다. 원자 속에 들어 있는 양성자의 개수(원자번호)가 그 원자의 화학적 성질을 결정한다.

연성: 물질(특히 금속)을 잡아당겼을 때 실처럼 길게 늘어나는 성질.

우주선(cosmic ray): 우주를 가로지르는, 전하를 띤 고에너지 입자. 그중 일부가 지구의 대기에 와서 부딪힌다.

원소: 원자번호와 화학적 특성이 모두 같은 한 가지 원자로만 이루어진 물질.

원자: 원소의 최소 단위. 원소의 모든 화학적 속성을 가지고 있다. 원자는 양성자와 중성자로 이루어진 핵과 그 주변을 도는 전자로 구성된다.

원자량: 한 원소의 원자가 갖는 평균 질량. 대부분은 핵 속에 들어 있는 양성자와 중성자의 조합에서 나온다.

원자번호: 원자핵 속에 들어 있는 양성자 수. 원소의 화학적 성질을 결정한다.

원자핵: 원자의 중심부로, 양성자와 중성자가 들어 있다.

일반물질: 우주에서 우리가 관찰하고 감지할 수 있는 물질. 주기율표에 등장하는 모든 원소가 일반물질이다.

자외선: 일종의 전자기파로, 가시광선과 달리 우리 눈에는 보이지 않는다. UV라는 약자로 표시하며 피부를 타게 만드는 햇빛의 한 성분이다.

전성: 두드리거나 늘려 펴서 다른 모양으로 만들 수 있는 성질. 주로 금속에 적용되는 성질이다. 금은 대단히 말랑말랑하고 전성이 높다.

전자: 음전하를 띠는 아원자 입자로, 원자 속에서 원자핵 주변 궤도를 돌고 있다. 전체적으로 전하를 띠지 않는 원자는 원자핵 속에 들어 있는 양성자와 같은 수의 전자를 갖고 있다.

중성자: 원자핵 속에 들어 있는 아원자 입자. 전체적으로는 전하를 띠지 않는다. 중성자는 양성자와 함께 원자량의 대부분을 구성한다.

중합체: 수많은 작은 분자들이 사슬처럼 기다랗게 이어져 만들어진 물질.

합금: 금속이 끼어 있는 둘 이상의 서로 다른 물질의 혼합물. 예를 들어 청동은 구리와 아연의 합금이다.

핵반응: 원자핵에서 일어나는 변화. 방사선이 방출되는 경우가 많다.

혼합물: 둘 이상의 서로 다른 성분이 뒤섞여 있지만 화학적으로 결합되어 있지는 않은 물질. 거르기, 얼리기, 증발시키기 등의 물리적인 방법을 써서 성분들을 분리할 수 있다.

화학: 물질을 연구하는 과학. 물질의 구조와 특성, 그리고 다른 물질과 반응할 때 일어나는 변화 들을 연구한다.

화학반응: 둘 이상의 서로 다른 화학 물질 사이에 반응이 일어나 하나나 그 이상의 서로 다른 물질이 만들어지는 변화를 일으키는 과정. 녹거나 어는 등의 물리적 변화와는 다르다. 물리적 변화에서는 물질이 화학적 변화를 거치지 않는다.

화합물: 둘 이상의 서로 다른 원소들이 일정한 비율로 화학적 결합을 해서 만들어진 물질.

쌔애애앵!!!: 옴즈, 래틀리, 해티가 우주선을 타고 날아가는 소리!

찾아보기

글 | **마이크 바필드** 과학과 수학을 주제로 흥미롭고 창의적인 특별 수업을 열고 있는 영국의 작가이자 연기자.
학교, 도서관, 박물관, 서점에서 활동하고, 텔레비전과 라디오에 출연했습니다.《과학의 이름으로 이 책을 파괴하라》를 지었습니다.

그림 | **로렌 험프리** 영국의 그림 작가.《뉴욕 타임스》와《가디언》을 비롯한 여러 잡지에서 그림 작가로 활약했습니다.

번역 | **김성훈** 경희대학교 치과대학 졸업 후 치과 의사를 하다가 번역의 길에 들어섰습니다. 50종이 넘는 책을 번역했고,
《늙어감의 기술》로 제36회 한국과학기술도서상 번역상을 받았습니다.

감수 | **장홍제** 한국과학기술원(KAIST) 화학과를 졸업하고, 같은 대학원에서 화학과 박사 학위를 받았습니다. 조지아 공과 대학교에서
연구원으로 활동했고, 지금은 광운대학교 화학과에서 학생들을 가르치고 있습니다.《원소가 뭐길래》를 썼습니다.

The original edition of this book was designed, produced and published in 2018 by
Laurence King Publishing Ltd., London, under the title: *THE ELEMENT IN THE ROOM: INVESTIGATING THE ATOMIC INGREDIENTS THAT MAKE UP YOUR HOME*

우리 집 구석구석 원소를 찾아라!

2018년 12월 19일 초판 1쇄 발행
2022년 5월 31일 초판 4쇄 발행

글 마이크 바필드 • **그림** 로렌 험프리 • **번역** 김성훈 • **감수** 장홍제
펴낸이 류지호 • **상무이사** 김상기 • **편집이사** 양동민
편집 이기선, 김희중, 곽명진 • **디자인** 쿠담디자인 • **제작** 김명환
마케팅 김대현, 정승채, 이선호 • **관리** 윤정안

펴낸 곳 원더박스 (03150) 서울시 종로구 우정국로 45-13, 3층
대표전화 02) 420-3200 • **편집부** 02) 420-3300 • **팩시밀리** 02) 420-3400
출판등록 제300-2012-129호(2012. 6. 27.)

ISBN 978-89-98602-87-1 (63430)

• 잘못된 책은 구입하신 서점에서 바꾸어 드립니다.
• 독자 여러분의 의견과 참여를 기다립니다.
블로그 blog.naver.com/wonderbox13
이메일 wonderbox13@naver.com